电子控制课程设计指导书（机电、控制类）

王海涛　主编
史丽晨　主审

中国水利水电出版社
www.waterpub.com.cn
·北京·

内容提要

本书为机电工程类专业电子控制课程设计的指导书，全书共5章，分别为常用电子元器件、电路基础、单片机基础、舞蹈机器人制作、智能小车制作。通过本书的学习与锻炼，能够使学生得到完整的设计过程训练，使学生对机械类电子、传感器和自动控制的软硬件设计过程有全面的了解，使学生逐步掌握机械电子工程设计的基本方法，培养学生的工程观念，将整个专业后续课程的内容有机而系统地结合起来。

本书可作为高等院校工科机械、电气、自动化相关专业电子控制课程设计的指导教材，也可作为参与电子控制相关竞赛的指导书，对电子控制有兴趣的广大读者也可选择阅读。

图书在版编目（CIP）数据

电子控制课程设计指导书 ： 机电、控制类 / 王海涛主编. -- 北京 ： 中国水利水电出版社, 2019.1
ISBN 978-7-5170-7004-7

Ⅰ. ①电… Ⅱ. ①王… Ⅲ. ①电子控制－课程设计－高等学校－教学参考资料 Ⅳ. ①TM1-41

中国版本图书馆CIP数据核字(2018)第227346号

书　　名	电子控制课程设计指导书（机电、控制类） DIANZI KONGZHI KECHENG SHEJI ZHIDAOSHU (JIDIAN、KONGZHI LEI)
作　　者	王海涛　主编 史丽晨　主审
出版发行	中国水利水电出版社 （北京市海淀区玉渊潭南路1号D座　100038） 网址：www.waterpub.com.cn E-mail：sales@waterpub.com.cn 电话：(010) 68367658（营销中心）
经　　售	北京科水图书销售中心（零售） 电话：(010) 88383994、63202643、68545874 全国各地新华书店和相关出版物销售网点
排　　版	北京智博尚书文化传媒有限公司
印　　刷	北京建宏印刷有限公司
规　　格	170mm×240mm　16开本　11印张　203千字
版　　次	2019年1月第1版　2019年1月第1次印刷
印　　数	0001—1000册
定　　价	35.00元

前言 FOREWORD

机电工程类电子控制方向课程设计是整个机械类课程体系中较为重要的一个实践性环节，是在完成电类与控制类课程学习后学生对所学知识的综合应用的体现，在整个教学活动中占有重要的地位和作用，其目的是进一步巩固和加深学生所学到的理论知识，培养学生独立解决实际问题的能力，有助于学生建立整套自动化控制生产系统的概念，提高机、电、液、气一体化的实践水平并对其设计有一个较为完整的概念。通过本书的学习与锻炼，能够使学生得到完整的设计过程，使学生对机械类电子、传感器和自动控制的软硬件设计过程有全面的了解，使学生逐步掌握机械电子工程设计的基本方法，培养学生的工程观念，将整个专业后续课程内容有机而系统地结合起来。

本书通过对研究对象的机械构造、电气控制原理的分析，对其提出创新性设计或改进。在整个设计过程中使学生初步掌握机械系统、环境识别与感知系统和运动控制系统的设计思想与实现方法，训练如何查阅资料、图表、数据处理、自动控制以及创新能力的激发，使学生具备独立设计机电一体化产品的能力，提高综合应用已有知识解决问题的能力，更好地培养机械电子工程、机电一体化和电气工程等专业学生的专业技术能力与综合素质。本书主要培养学生以下三点创新能力。

1. 发挥主体，培养学生自主学习能力

机电工程类电子控制技术普遍具有操作性强、更新速度快、实际内容多等特点。在课程设计教学实践环节中，尤其要注意自主性学习、学生学习方法的指导，激发学生的好奇心和求知欲，帮助学生自主学习、独立思考。让学生边看书、边查阅相关资料、边自己动手实践，积极主动地去获取知识、获取信息，逐步掌握千变万化的机电技术，适应信息社会飞速发展的需要。

2. 开放交流，培养学生的团队协作能力

在整个课程设计过程中，尝试以学生为主体，教师起引导作用。根据学生自愿组成若干小组，每组完成一个项目，组内成员各自有不同的分工，由小组长负责牵头。由学生自发组织相关资源自行去学习、收集素材。遇到问题，由小组成员商讨解决，解决不了的与指导教师沟通交流。通过这样的形式，不但培养了学生自己获取信息、传输信息、处理信息和应用信息的能力，而且也培养了与他人合作的能力。

3. 注重应用和实践，培养学生的创新能力

机电工程类电子控制技术其特有的实践性决定了课程设计过程不宜单靠设计图纸来完成，应该让学生边动脑边动手，将原先设计与思考的东西通过实物展示出来，通过不断的对比和修改，将原先思考与设计环节预料不合理、不充分、不完善的地方纠正过来。对自己的设计做不断的修改和完善，从而达到创新的目的。

总之，课程设计作为专业教学的一个重要组成部分，要努力让学生得到多方面能力的发展，为学生全面素质的发展打下良好的基础。由于受编者个人知识结构层次的制约，书中若出现不当之处，请读者谅解。

感谢国家级教学名师、西北工业大学电子信息学院段哲民教授的审稿意见；感谢陕西省教学名师、西北工业大学电子信息学院李辉教授的审稿意见；感谢西安建筑科技大学机电工程学院的同志学、郭瑞峰、严浩、苏晓峰、胡星、刘金颂、张学峰、刘海霞、张军锋、聂阳文、叶向东、刘昌军、耿素花、王亮亮、郭雅琳、薛婷等老师，陕西威尔张涛、范厚杰、王洁工程师和陶枝茂、康振亚等同学在本书编写与校对过程中给予的帮助，在此表示诚挚的感谢。

编　者

2018 年 9 月

目录
CONTENTS

第1章 机电控制系统设计中的常用电子元器件

1.1 电子元器件的材质与分类

在进行机电一体化系统控制单元电子设计中会接触到很多种类的电子元器件，而如何用好电子元器件，使电子元器件在电路中发挥其最大的功能作用，则成为评判一个电子控制系统是否合格的基本标准。为给读者提供较为全面的元器件知识，或学习，或参考，本章将对电路设计中常用的电子元器件进行详细讲述。

1.1.1 电子器件导电材质

电子器件导电材质可分为导体、半导体和绝缘体。

(1) 导体：电阻系数小，可以导电的物体。例如：银、铜、铝等。

(2) 半导体：介于导体和绝缘体之间，需要达到一定条件才能导电的物体。例如：硅、锗、硒、氧化铜等。

(3) 绝缘体：电阻系数很大，导电性能很差的物体。例如：陶瓷、云母、玻璃、橡胶、塑料、电木、纸、棉纱、树脂、干木材等。

1.1.2 电子器件工作性质

电子器件工作性质可分为有源元件和无源元件。

(1) 有源元件：二极管、三极管、稳压管（受电压控制），既必须有电才能工作的电子元器件。

(2) 无源元件：电阻、电容、电感（不受电压控制），既不需要额外供电自身就能够工作的电子元器件。

1.1.3 电流的分类

(1) 交流电：大小和方向随时间发生变化的电流，简称交流电（AC），频率是50 Hz；符号“～”。

(2) 直流电：大小和方向不随时间发生变化的电流，简称直流电（DC）频率是0 Hz；符号“—”。

1.1.4 电路常用术语

(1) 击穿：当外施电压超过某一数值时，材料发生剧烈放电或导电的现象，这种现象称为击穿。

(2) 短路：在电路中未经过中间环节（负载或电器），前后直接相连。

(3) 开路：电路某一环节没有接通。断路：不知道的某个地方没有接通。

(4) 通路：在电路中电源正极通过中间环节（负载或电器）后回到负极形成回路。

[短路、开路（断路）、通路称为电路的三种工作状态。]

1.2 电阻（*R*）——无源器件

电阻器是电路元件中应用最广泛的一种，在电子设备中约占元件总数的30%以上，其质量的好坏对电路工作的稳定性有极大的影响。它的主要用途是稳定和调节电路中的电流与电压，其次还作为分流器分压器和负载使用。

1.2.1 电阻的基本知识

(1) 电阻的定义：电阻就是一种能够阻碍电流通过的器件（阻值越大流过的电流越小）。

(2) 电阻的表示字母为R；电位器的表示字母为W。

(3) 电阻的种类：固定电阻、可变电阻（电位器）、特种电阻（光敏、气敏、热敏）。

(4) 电阻基本作用：分流、限流、分压、偏置、滤波（与电容器组合使用）和阻抗匹配等。

(5) 电阻的单位：电阻的单位是欧姆（ohm），简称欧，符号是Ω，比较大的单位有千欧（kΩ）、兆欧（MΩ）。

(6) 电阻的单位换算公式：1 MΩ = 1 000 kΩ、1 kΩ = 1 000 Ω，以千进位。

1.2.2 电阻的标称值与读值方法

电阻的标称值与读值方法有直标法、文字符号法、数字法和色环法，如图1-1所示。

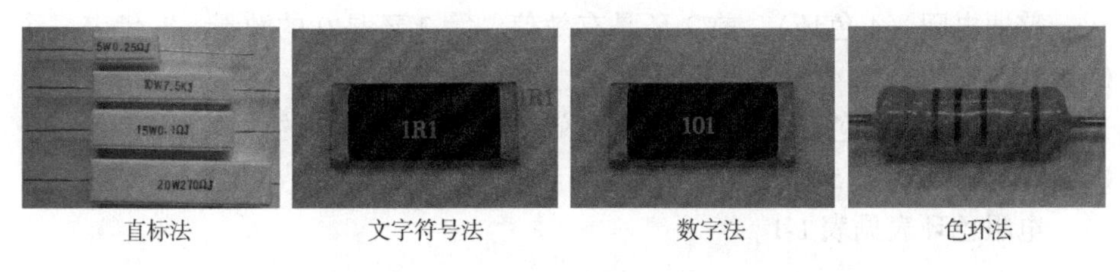

图 1-1　电阻的标称值与读值方法

（1）直标法：直接将电阻的标称值和误差印在电阻表面。

（2）文字符号法：用阿拉伯数字和文字符号两者有规律的组合来表示标称阻值，其允许偏差也用文字符号表示。

当数值中含有字母时，此字母相当于小数点。单位表示方法为：R = Ω，K = kΩ，M = MΩ。

例如：4R7J = 4.7 Ω ± 5%，4M7K = 4.7 MΩ ± 10%。

（3）数字法：在电阻器上用数码表示标称值的标志方法。

普通电阻（3 位数）：前 2 位是有效值，第 3 位是 0 的个数，如 102。

精密电阻（4 位数）：前 3 位是有效值，第 4 位是 0 的个数，如 1 001。

举例：$102 = 10 \times 10^2 = 1\ 000\ \Omega$ 或 1K ± 5%（误差）；$1\ 001 = 100 \times 10^1 = 1\ 000\ \Omega$ 或 1K ± 1%（误差）。

设计经验：直接在有效值后面写出 0 的个数，然后从个位向前换算，起始单位是 Ω，够 3 个 0 就是 kΩ，够 6 个 0 就是 MΩ。例如：1 000 够 3 个 0 可以写成 1 kΩ；1 000 000 够 6 个 0 可以写成 1 MΩ。

（4）色环法：用不同颜色的带或点在电阻器表面标出标称阻值和允许偏差，如图 1-2 所示。

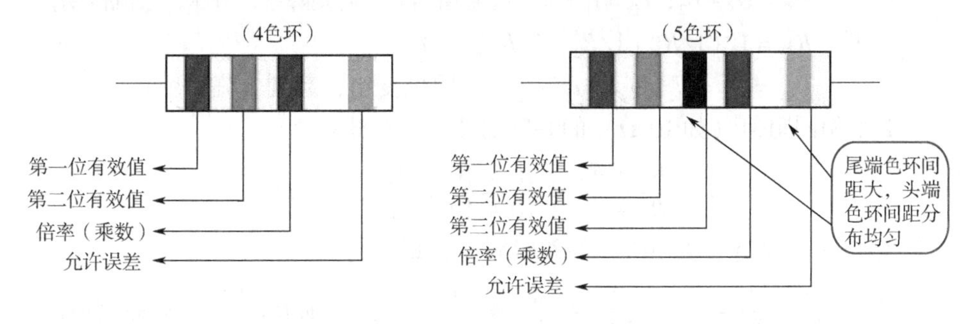

图 1-2　色环法

普通电阻（4 色环）：前 2 环是有效值，第 3 环是 0 的数量（1 代表一个 0，依次类推），第 4 环是允许误差。

精密电阻（5 色环）：前 3 环是有效值，第 4 环是 0 的数量（1 代表一个 0，依次类推），第 5 环是允许误差。

电阻色环表见表 1-1。

表 1-1　电阻色环表

颜色	第一段	第二段	第三段	乘数	误　差	
黑色	0	0	0	1		
棕色	1	1	1	10	±1%	F
红色	2	2	2	100	±2%	G
橙色	3	3	3	1K		
黄色	4	4	4	10K		
绿色	5	5	5	100K	±0. 5%	D
蓝色	6	6	6	1M	±0. 25%	C
紫色	7	7	7	10M	±0. 10%	B
灰色	8	8	8		±0. 05%	A
白色	9	9	9			
金色				0. 1	±5%	J
银色				0. 01	±10%	K
无					±20%	M

1. 2. 3　电阻的串、并联计算与检测方法

（1）电阻的串、并联应用计算公式：

串联：$R_{总} = R_1 + R_2 + R_3 + \cdots$

$U_{总} = U_1 + U_2$，$I_{总} = I_1 = I_2$　（阻值增大，起到降压、分压、限流作用）

并联：$R_{总} = 1/(1/R_1 + 1/R_2 + 1/R_3 + \cdots)$

$U_{总} = U_1 = U_2$，$I_{总} = I_1 + I_2$　（阻值变小，起到分流作用）

2 个相同阻值（如 10 Ω）的并联简便计算公式：

$$R = \frac{R_1 \times R_2}{R_1 + R_2} = \frac{10 \times 10}{10 + 10} = \frac{100}{20} = 5(\Omega)$$

多个相同阻值（如 10K）的并联简便计算公式：

$\frac{1}{R} = \frac{1}{R_1} + \frac{1}{R_2} + \frac{1}{R_3} = \frac{1}{10K} + \frac{1}{10K} + \frac{1}{10K} = \frac{3}{10K}$，则 $R = \frac{10K}{3} \approx 3.33$（kΩ）。

例如，$R_1 = 1$ kΩ，$R_2 = 2$ kΩ，$R_3 = 3$ kΩ，并联计算 R。

$\frac{1}{R}=\frac{1}{R_1}+\frac{1}{R_2}+\frac{1}{R_3}=\frac{1}{1}+\frac{1}{2}+\frac{1}{3}=\frac{1\times6}{1\times6}+\frac{1\times3}{2\times3}+\frac{1\times2}{3\times2}=\frac{11}{6}$，则 $R=\frac{6}{11}\approx$ 0.545（kΩ）。

怎么选择 2 个电阻并联得到需要的阻值：R（需要值）＝R（选择值）× 2 倍，可以得到 2 个电阻的值，如下：

$5\ \mathrm{k\Omega}=\frac{R_1\times R_2}{R_1+R_2}$，如何计算 R_1 和 R_2？用上面的公式 5 kΩ × 2 倍 = 10（kΩ），再代入公式$\frac{10\times10}{10+10}=\frac{100}{20}=5$（kΩ）

（2）电阻的检测方法用 VC9802A 数字万用表。将数字万用表红表笔插入 VΩ 孔，黑表笔插入 COM 孔，转动到合适电阻挡位，表笔各接电阻两端，读取数值，如无显示阻值可能是挡位过小，换大一挡，如还无阻值说明电阻已经损坏，如显示阻值小或 0 说明电阻已经损坏（经验分享：可以将挡位选在 200K 位置，可以快速地辨别挡位的大小）。

万用表测量电阻的过程可以分解为三个步骤：选量程→测试→读数。

1.2.4　电阻的主要参数

（1）标称阻值：标注在电阻器上的阻值。

“E”表示“指数间距”（exponential spacing）。电阻的标称阻值分为 E6、E12、E24、E48、E96、E192 六大系列，分别适用于允许偏差为 ±20%、±10%、±5%、±2%、±1% 和 ±0.5% 的电阻器。其中 E24 系列为常用数系，E48、E96、E192 系列为高精密电阻数系。标称阻值见表 1-2。

表 1-2　标称阻值

系列	允许误差/%	电　阻　值
E6	±20（三级）	1.0，1.5，2.2，3.3，4.7，6.8
E12	±10（二级）	1.0，1.2，1.5，1.8，2.2，2.7，3.3，3.9，4.7，5.6，6.8，8.2
E24	±5（一级）	1.0，1.1，1.2，1.3，1.4，1.5，1.6，1.8，2.0，2.2，2.4，2.7，3.0，3.3，3.6，3.9，4.0，4.3，4.7，5.1，5.6，6.2，6.8，7.5，8.2，9.1

注：E6 表示指数间距有 6 个标称阻值，它们的允许误差为 ±20%（三级）。

（2）容许误差：标称阻值与实际阻值的差值跟标称阻值之比的百分数称阻值偏差。容许误差见表 1-3。

表 1-3　容许误差

等级符号	E	X	Y	H	U	W	B
允许误差/%	±0.001	±0.002	±0.005	±0.01	±0.02	±0.05	±0.1
等级符号	C	D	F	G	J（Ⅰ）	K（Ⅱ）	M（Ⅲ）
允许误差/%	±0.25	±0.5	±1	±2	±5	±10	±20

（3）电阻的额定功率：电阻器在正常的大气压力为 90 ~ 106.6 kPa 及环境温度为 -55 ~ +70 ℃的条件下长期连续工作所容许消耗的最大功率。超过额定功率，会因过热而烧毁损坏。电阻的额定功率见表 1-4。

表 1-4　电阻的额定功率

种　类	额定功率系列
线绕电阻	0.05，0.125，0.25，0.5，1，2，4，8，10，16，25，40，50，75，100，150，250，500
非线绕电阻	0.05，0.125，0.25，0.5，1，2，5，10，25，50，100
线绕电位器	0.25，0.5，1，1.6，2，3，5，10，16，25，40，63，100
非线绕电位器	0.025，0.05，0.1，0.25，0.5，1，2，3

（4）最高工作电压：能够使电阻长期工作而不过热或电击穿损坏时的最高工作电压，见表 1-5。如果电压超过规定值，电阻器内部产生火花，引起噪声，甚至损坏。

表 1-5　最高工作电压

标称功率/W	1/16	1/8	1/4	1/2	1	2
最高工作电压/V	100	150	350	500	750	1 000

（5）温度系数：温度每变化 1 ℃所引起的电阻值的相对变化。温度系数越小，电阻的稳定性越好。阻值随温度升高而增大的为正温度系数（PTC），反之为负温度系数（NTC）。

（6）高频特性：电阻器使用在高频条件下，要考虑其固有电感和固有电容的影响。这时，电阻器变为一个直流电阻（R_0）与分布电感串联，然后再与分布电容并联的等效电路，非线绕电阻器的 $L_R = 0.01 \sim 0.05$ μH，$C_R = 0.1 \sim 5$ pF，线绕电阻器的 L_R 达几十微亨，C_R 达几十皮法，即使是无感绕法的线绕电阻器，L_R 仍有零点几微亨。

1.2.5　电阻的分类

（1）线绕电阻器：通用线绕电阻器、精密线绕电阻器、大功率线绕电阻器和高频线绕电阻器。

（2）薄膜电阻器：碳膜电阻器、合成碳膜电阻器、金属膜电阻器、金属氧化膜电阻器、化学沉积膜电阻器、玻璃釉膜电阻器和金属氮化膜电阻器。

（3）实心电阻器：无机合成实心碳质电阻器和有机合成实心碳质电阻器。

（4）敏感电阻器：压敏电阻器、热敏电阻器、光敏电阻器、力敏电阻器、气敏电阻器和湿敏电阻器。

1.2.6　电阻的电路符号

电阻的电路符号如图 1-3 所示。

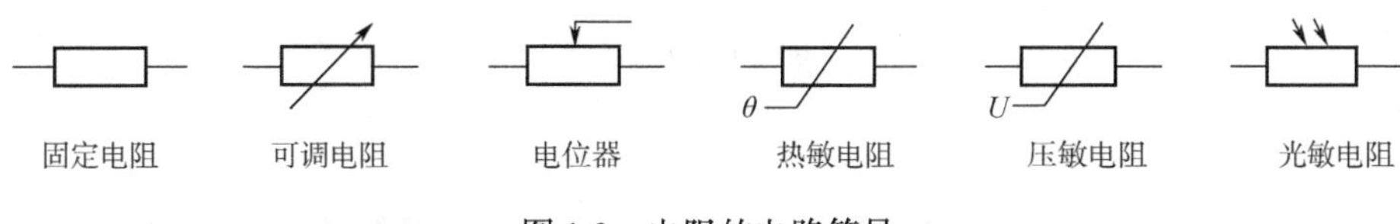

图 1-3　电阻的电路符号

1.2.7　电阻的功率符号

电阻的功率符号如图 1-4 所示。

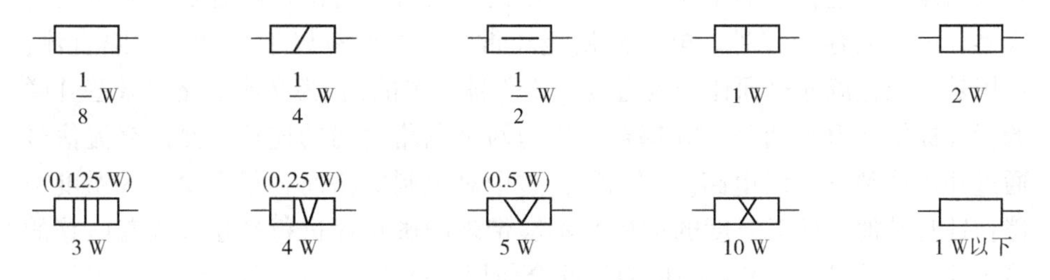

图 1-4　电阻的功率符号

1.2.8　电阻的常见外形

电阻的常见外形如图 1-5 所示。

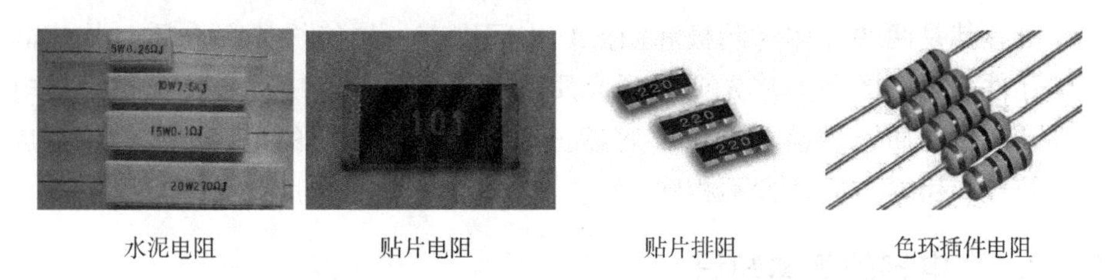

图 1-5　电阻的常见外形

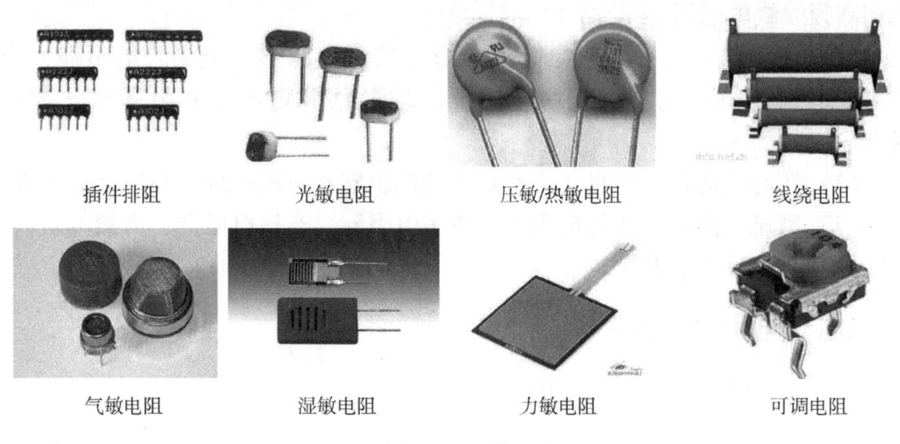

插件排阻　光敏电阻　压敏/热敏电阻　线绕电阻

气敏电阻　湿敏电阻　力敏电阻　可调电阻

图　1-5（续）

1.3　电容（C）——无源器件

电容器是一种储能元件，在电路中用于调谐、滤波、耦合、旁路、能量转换和延时。电容器通常叫作电容，按其结构可分为固定电容器、半可变电容器、可变电容器三种。电容的用途非常多，主要有以下几种：①隔直流：作用是阻止直流通过而让交流通过。②旁路（去耦）：为交流电路中某些并联的元件提供低阻抗通路。③耦合：作为两个电路之间的连接，允许交流信号通过并传输到下一级电路。④滤波：这个对控制电路而言很重要。⑤温度补偿：针对其他元件对温度的适应性不够带来的影响而进行补偿，改善电路的稳定性。⑥计时：电容器与电阻器配合使用，确定电路的时间常数。⑦调谐：对与频率相关的电路进行系统调谐，如手机、收音机、电视机。⑧整流：在预定的时间开或者关半闭导体开关元件。⑨储能：储存电能，用于必须的时候释放。例如，相机闪光灯、加热设备等（如今某些电容的储能水平已经接近锂电池的水准，一个电容储存的电能可以供一个手机使用一天）。

电容就是两块导体（阴极和阳极）中间夹着一块绝缘体（介质）构成的电子元件。电容的种类首先要按照介质种类来分。这当中可分为无机介质电容器、有机介质电容器和电解电容器三大类。不同介质的电容，在结构、成本、特性、用途方面都大不相同。

1.3.1　电容的基本知识

（1）电容的定义：就是可以容纳和释放电荷的电子元器件。

（2）电容的表示字母为 C。电解电容的表示字母为 EC。

（3）电容的主要特性：隔直通交（直流不能通过，交流能通过）。

（4）电容按极性分类，分为有极性电容和无极性电容。

（5）电容的基本作用：（通高频阻低频，通交流隔直流，储能）信号耦合、高频旁路、滤波、复位、谐振等作用。

（6）电容的单位：电容的单位是法拉，简称法，符号是 F，常用的电容单位有毫法（mF）、微法（μF）、纳法（nF）和皮法（pF）（皮法又称微微法）等。

（7）电容的单位换算公式：1 F = 1 000 000 μF，1 μF = 1 000 nF，1 nF = 1 000 pF。

1.3.2　电容的标称值与读值方法

电容的标称值与读值方法有直标法、文字符号法、数字法和色环法，如图 1-6 所示。

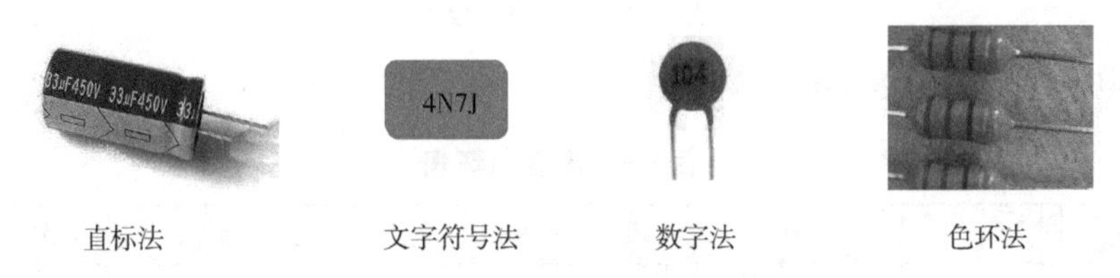

图 1-6　电容的标称值与读值方法

（1）直标法：直接将电容的标称值和误差印在电容表面。

（2）文字符号法：用阿拉伯数字和文字符号两者有规律的组合来表示标称容值，其允许偏差也用文字符号表示。

当数值中含有字母时，此字母相当于小数点。单位表示方法为：P = pF，N = nF，μ = μF。

例如：P10 = 0.1 pF，1P0 = 1 pF，4μ7 = 4.7 μF。

（3）数字法：在电容器上用数码表示标称值的标志方法。一般用三位数字表示，前 2 位是有效值，第 3 位是 0 的个数。

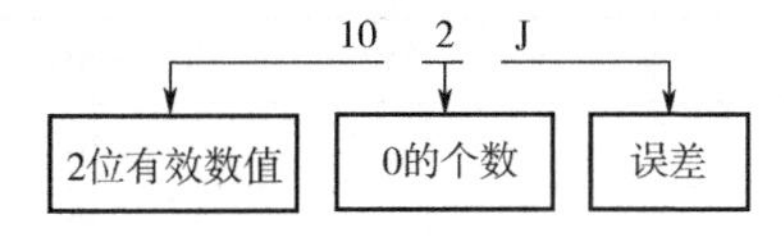

举例：$102 = 10 \times 10^2 = 1\ 000\text{P}$ 或 1 000P ± 5%（误差）。

设计经验：直接在有效值后面写出 0 的个数，然后从个位向前换算，起始单位是 pF，够 3 个 0 就是 nF，够 6 个 0 就是 μF。例如：1 000 够 3 个 0 可以写成 1 nF；1 000 000 够 6 个 0 可以写成 1 μF。

(4) 色环法：用不同颜色的带或点在电容器表面标出标称容值和允许偏差，如图1-7所示。

普通电容（4色环）：前2环是有效值，第3环是0的数量（1代表一个0，依次类推），第4环是允许误差。

精密电容（5色环）：前2环是有效值，第3环是0的数量，第4环是允许误差，第5环是工作电压。

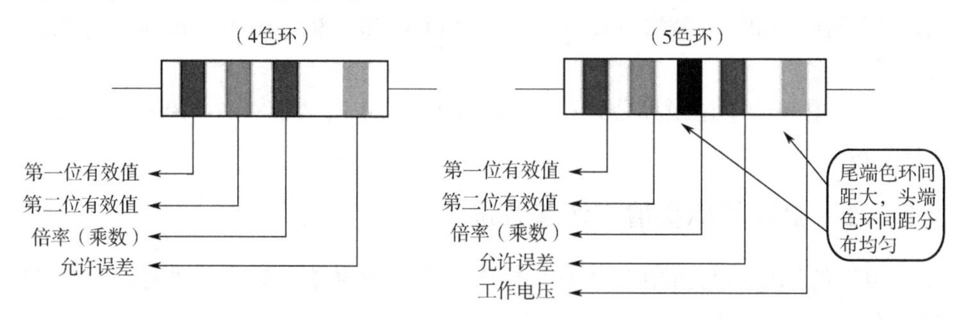

图1-7　电容色环法

电容色环表见表1-6。

表1-6　电容色环表

颜色	第一段	第二段	第三段	乘数	误　　差		工作电压/V
黑色	0	0	0	1			4
棕色	1	1	1	10	±1%	F	6.3
红色	2	2	2	100	±2%	G	10
橙色	3	3	3	1K			16
黄色	4	4	4	10K			25
绿色	5	5	5	100K	±0.5%	D	32
蓝色	6	6	6	1M	±0.25%	C	40
紫色	7	7	7	10M	±0.10%	B	50
灰色	8	8	8		±0.05%	A	63
白色	9	9	9				
金色				0.1	±5%	J	
银色				0.01	±10%	K	
无					±20%	M	

1.3.3　电容的串、并联计算与检测方法

(1) 电容的串、并联应用计算公式：

并联：$C_{总}=C_1+C_2+C_3+\cdots$ （总耐压是最小的那个电容的耐压，增大容值）

串联：$C_{总}=1/(1/C_1+1/C_2+1/C_3+\cdots)$ （总耐压是最小的那个电容的耐压，减少容值）

若串联的各电容容量相等，则所承受的电压也相等；若容量不等，则容量越大所承受的电压越小，容量越小所承受的电压越大（因为串联时每个电容充电电流相等，其电压降相加等于总电压）。

2个相同容值（如10 F）的串联简便计算公式：

$$C=\frac{C_1\times C_2}{C_1+C_2}=\frac{10\times 10}{10+10}=\frac{100}{20}=5\ (\mathrm{F})$$

多个相同容值（如10F）的串联简便计算公式：

$\frac{1}{C}=\frac{1}{C_1}+\frac{1}{C_2}+\frac{1}{C_3}=\frac{1}{10}+\frac{1}{10}+\frac{1}{10}=\frac{3}{10}$，则 $C=\frac{10}{3}\approx 3.33\ (\mathrm{F})$。

例如，$C_1=1\mathrm{N}$，$C_2=2\mathrm{N}$，$C_3=3\mathrm{N}$，串联计算 C。

$\frac{1}{C}=\frac{1}{C_1}+\frac{1}{C_2}+\frac{1}{C_3}=\frac{1}{1}+\frac{1}{2}+\frac{1}{3}=\frac{1\times 6}{1\times 6}+\frac{1\times 3}{2\times 3}+\frac{1\times 2}{3\times 2}=\frac{11}{6}$，则 $C=\frac{6}{11}\approx 0.545\ (\mathrm{nF})=0.545\mathrm{N}$。

怎么选择2个电容串联得到需要的容值：C(需要值)$=C$(选择值)$\times 2$倍，可以得到2个电容的值；如下：

$5\mathrm{N}=\frac{C_1\times C_2}{C_1+C_2}$，如何算 C_1 和 C_2？用上面的公式5N×2倍=10（nF），再代入公式 $\frac{10\times 10}{10+10}=\frac{100}{20}=5\ (\mathrm{nF})=5\mathrm{N}$。

（2）电容的检测方法用VC9802A数字万用表。

好坏判断：将数字万用表转动至200K挡，将电容短接放电，红黑表笔各接一端，数值在慢慢上升，然后调换表笔再试一次，数值慢慢下降最后回到0，说明电容能充放电（适用100～5 000 μF电容测试）。200 μF以下电容的容值测试：将数字万用表红表笔插入Cx（MA）孔，黑表笔插入COM孔，转动到合适电容挡位，表笔各接电容两端，然后读取数值（适用200 μF以下电容测试）。

1.3.4 电容的主要参数

（1）容量与误差：实际电容量和标称电容量允许的最大偏差范围，见表1-7。一般电容器常用Ⅰ、Ⅱ、Ⅲ级，电解电容器用Ⅳ、Ⅴ、Ⅵ级，根据用途选取。

表 1-7　容量与误差

等级符号	A	B	C	D (005)	F (01)	G (02)	J (Ⅰ)
允许误差/%	±0.05	±0.1	±0.25	±0.5	±1	±2	±5
等级符号	K (Ⅱ)	L	M (Ⅲ)	N (Ⅳ)	(Ⅴ)	(Ⅵ)	
允许误差/%	±10	±15	±20	(+20 -10)	(+50 -20)	(+50 -30)	

(2) 额定工作电压：电容器在电路中能够长期稳定、可靠地工作，所承受的最大直流电压，又称耐压。对于结构、介质、容量相同的器件，耐压越高，体积越大。

(3) 温度系数：在一定温度范围内，温度每变化 1 ℃时电容量的相对变化值。温度系数越小越好。

(4) 绝缘电阻：用来表明漏电大小的。一般小容量的电容，绝缘电阻很大，大约几百兆欧姆或几千兆欧姆。电解电容的绝缘电阻一般较小。相对而言，绝缘电阻越大越好，漏电也小。

(5) 损耗：在电场的作用下，电容器在单位时间内发热而损耗的能量。这些损耗主要来自介质损耗和金属损耗，通常用损耗角正切值来表示。

(6) 频率特性：电容器的电参数随电场频率而变化的性质。在高频条件下工作的电容器，由于介电常数在高频时比低频时小，电容量也相应减小。损耗也随频率的升高而增加。

1.3.5　电容的分类与比较

电容的分类与比较见表 1-8。

表 1-8　电容的分类与比较

分　类	极性	结　构	优　点	缺　点	用　途
纸介电容	无	用带状的两层铝箔或锡箔中间夹垫浸过石蜡的纸卷成圆筒状，再装入纸壳或玻璃（陶瓷）管中，两端用沥青或火漆一类的绝缘材料封装而制成	体积小、容量大、工作电压高、成本低廉	易老化、损耗大、稳定性差	主要应用在低频电路或直流电路中
薄膜电容	无	结构和纸介电容相同，介质是涤纶或者聚苯乙烯	体积小、容量大、绝缘电阻高、介质损耗小	耐压低、耐热性能差	常用于电视机、仪器仪表的高频电路中作积分电容

续表

分　类	极性	结　构	优　点	缺　点	用　途
聚丙烯电容（CBB）	无	以金属化聚丙烯膜作介质和电极，用阻燃胶带外包和环氧树脂密封	体积小、损耗低	稳定性略差	代替大部分聚苯或云母电容，用于要求较高的电路
瓷片电容	无	薄瓷片两面渡金属膜银而成	体积小、耐压高、价格低	易碎、容量低	适用于较高频率的电路中
云母电容	无	云母片上镀两层金属薄膜	绝缘性能好、损耗小、耐高温	体积大、容量小	高频振荡、脉冲等要求较高的电路
独石电容	无	以独石材料为介质	电容量大、体积小、可靠性高、电容量稳定、耐高温耐湿性好	温度系数很高	应用于电子精密仪器，各种小型电子设备作谐振、耦合、滤波、旁路
铝电解电容	有	以两个铝片为电极，铝片表面氧化物为介质，在两个铝片中间加电解液，然后将铝片卷成圆筒状装入铝制外壳中	体积小、容量大	高频特性不好、漏电流大、稳定性差	电源滤波、低频耦合、去耦、旁路等
钽、铌电解电容	有	用金属钽或铌作正极，用稀硫酸等配液作负极，用钽或铌表面生产的氧化膜作介质	体积小、容量大、稳定性好、高频特性好、寿命长、绝缘电阻大、温度特性好、误差小	造价高（一般用于要求较高的地方）	在要求高的电路中代替铝电解电容

1.3.6　电容的电路符号

电容的电路符号如图 1-8 所示。

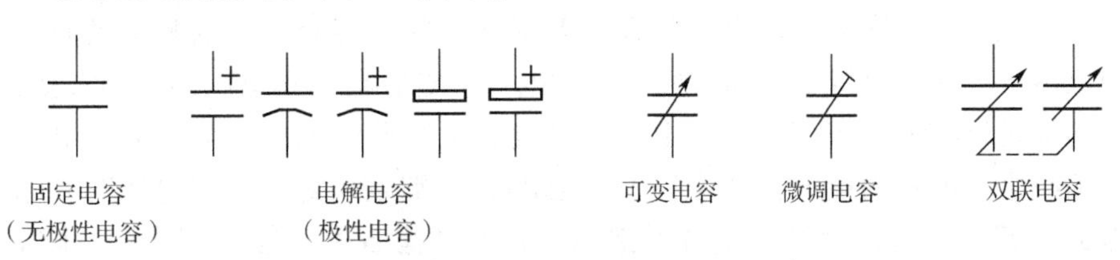

图 1-8　电容的电路符号

1.3.7 电解电容的极性区分

电解电容的注意事项：电解电容是有正、负极之分的，如果装反，通电后会爆炸。电解电容的极性如图 1-9 所示。

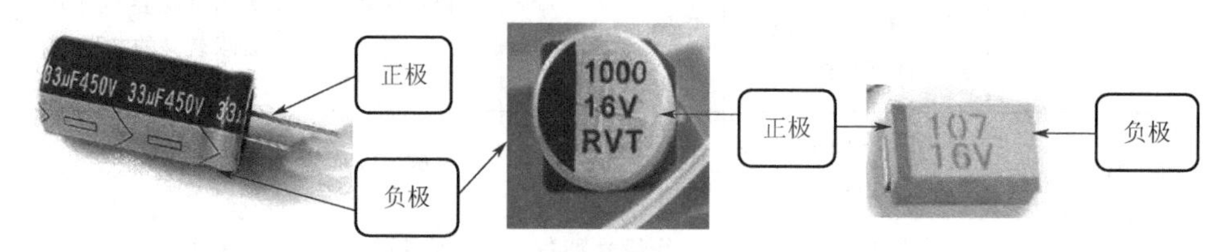

图 1-9 电解电容的极性

1.3.8 电容的常见外形

电容的常见外形如图 1-10 所示。

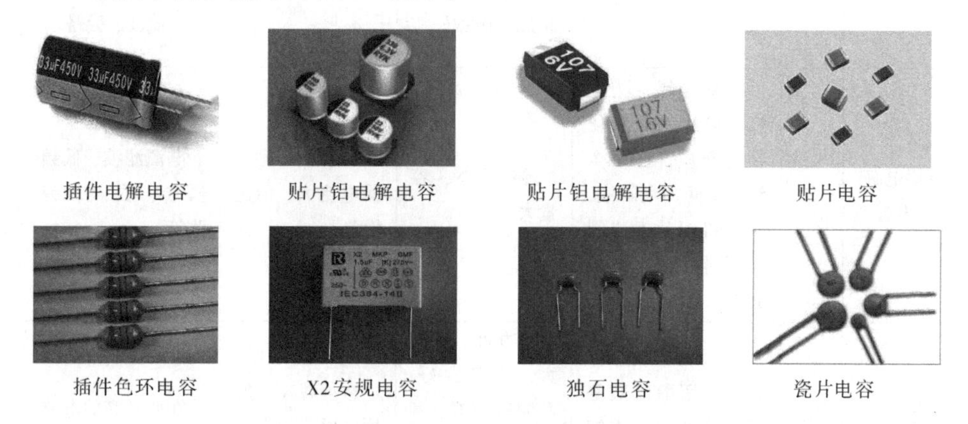

图 1-10 电容的常见外形

1.3.9 电容的充放电、滤波、隔直通交原理

1. 电容器充放电原理

1）电容器充电

定义：电容器从无电到有电直到饱和，这个过程称为电容器充电。

原理：当电容器接通电源瞬间，电源开始向电容充电，电源正极向正极板提供正电荷而电源负极向负极板提供电荷。电容器两端电压由小到大变化，电容器两端有电流产生，随着电压的升高，电容两端电压与电源电压电位差逐渐减小，电容两端电流逐渐减小，总电容两端电压等于电源电压时，电位差为“0”，电流为“0”，电容器饱和，充电过程结束。充电过程中，电容两端电压是由小到大变化的，而电流是由大到小变化的。

2）电容器放电

定义：电容器从有电到无电，这种过程称为电容器放电。

原理：与负载（灯泡）相连时，电容器开始放电。电容器正极板正电荷经过负载定向移动，形成电流（灯泡亮），随着电容器中的电荷逐渐减小，电容器两端电压逐渐降低，电流逐渐减小，当电容器中电荷全部消失，电路中的电压为“0”，电流为“0”，放电结束。放电过程中，电容两端电压是由大到小变化的，而电流是由大到小变化的。

2. 滤波原理（使电压的波形平稳）

接通电源后电容开始充电直至充满，当电源电压波形下降时提供电压使波形平稳，如图 1-11 所示。

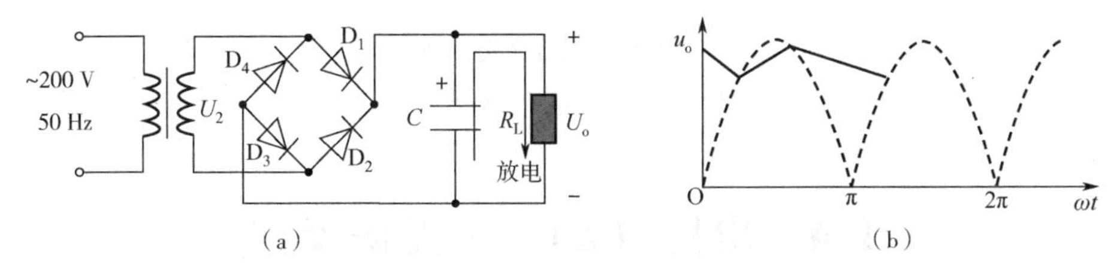

图 1-11　单相桥式整流电容滤波电路及稳态时的波形分析

（a）电路；（b）u_o 的波形

（1）当 U_2 为正半周并且数值大于电容两端电压 U_C 时，二极管 D_1 和 D_3 导通，D_2 和 D_4 截止，电流一路流经负载电阻 R_L，另一路对电容 C 充电。当 $U_C > U_2$ 时，导致 D_1 和 D_3 管反向偏置而截止，电容通过负载电阻 R_L 放电，U_C 按指数规律缓慢下降。

（2）当 U_2 为负半周幅值变化到恰好大于 U_C 时，D_2 和 D_4 因加正向电压变为导通状态，U_2 再次对 C 充电，U_C 上升到 U_2 的峰值后又开始下降；下降到一定数值时，D_2 和 D_4 变为截止，C 对 R_L 放电，U_C 按指数规律下降；放电到一定数值时，D_1 和 D_3 变为导通，重复上述过程。滤波电容的选取见表 1-9。

表 1-9　滤波电容的选取

输出电流	2 A 左右	1 A 左右	0.5 ~ 1 A 左右	0.1 ~ 0.5 A	100 ~ 50 mA	50 mA 以下
滤波电容/μF	4 000	2 000	1 000	500	200 ~ 500	200

3. 隔直通交原理

首先要明白电容器在两极板之间是绝缘的，也就是说电流是无法通过电容器的，无论是直流或是交流。电容的特性是它能储存和释放电荷，当电路电压高于电容两端电压时它就充电，反之它就放电。

直流电压方向是单一不变的，当电容器充满电荷后，电路中便没有电流

的流动，由于电容上端与电源带的都是正电荷（同性相排斥），所以不能放电，这就是电容器的隔直特性（能充电，不能放电），如图 1-12（a）所示。

交流电压方向是不断变化的，在正半周时电容器充得上正下负电荷，变换负半周时电容器充得上负下正电荷，同时电容也在交替地放电，电路中就产生了电流流动，这就是电容器的交流“通过”特性，如图 1-12（b）所示。

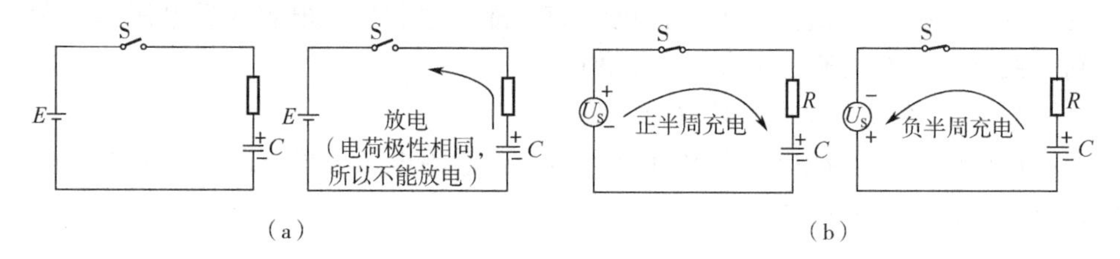

图 1-12　隔直通交特性
（a）隔直特性；（b）通交特性

1.4　电感（*L*）——无源器件

电感（inductor）是能够将电能转化为磁能而存储起来的元件。电感器的结构类似于变压器，但只有一个绕组。电感器具有一定的电感，它只阻碍电流的变化。如果电感器在没有电流通过的状态下，电路接通时它将试图阻碍电流流过；如果电感器在有电流通过的状态下，电路断开时它将试图维持电流不变。电感器又称扼流器、电抗器、动态电抗器。

1.4.1　电感的基本知识

（1）电感的定义：当电流流过导体时产生的电磁场的器件简称为电感。电感又分为自感和互感。

自感：当线圈中有电流通过时，线圈的周围就会产生磁场。当线圈中电流发生变化时，其周围的磁场也产生相应的变化，此变化的磁场可使线圈自身产生感应电动势（电动势用以表示有源元件理想电源的端电压），这就是自感。

互感：两个电感线圈相互靠近时，一个电感线圈的磁场变化将影响另一个电感线圈，这种影响就是互感。

（2）电感的表示字母为 L；变压器表示字母为 T 或 B。

（3）电感的主要特性：隔交通直（直流能通过，交流不通过），与电容相反。

（4）电感的作用：储能、抗干扰、滤波、扼流、抑信号、隔交流等。

(5) 电感的单位：电感的单位是亨利，简称亨，符号是“H”，常用的电感单位有毫亨（mH）、微亨（μH）。

(6) 电感的单位换算：1 H = 1 000 mH，1 mH = 1 000 μH。

1.4.2　电感的标称值与读值方法

电感的标称值与读值方法有直标法、文字符号法、数字法和色环法（用颜色来表示电感的数值），如图 1-13 所示。

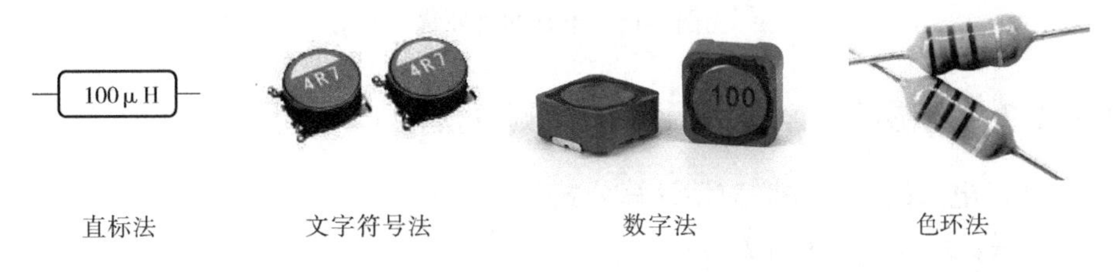

图 1-13　电感的标称值与读值方法

(1) 直标法：直接将电感的标称值和误差印在电感表面。

(2) 文字符号法：用阿拉伯数字和文字符号两者有规律的组合来表示标称电感值，其允许偏差也用文字符号表示。

当数值中含有字母时，此字母相当于小数点。单位表示方法为：R = μH。

例如：4R7J = 4.7 μH ±5%（误差）。

(3) 数字法：在电感器上用数码表示标称值的标志方法。

一般用 3 位数字表示，前 2 位是有效值（不能去掉的），第 3 位是 0 的个数，如 102。

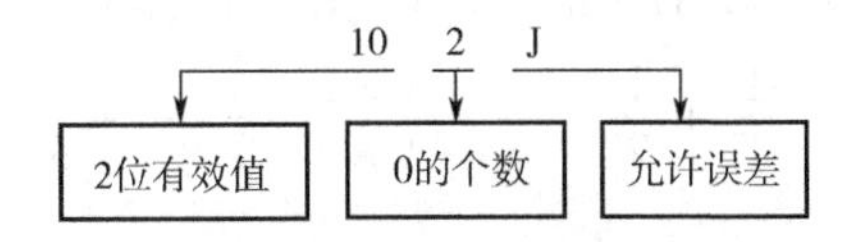

举例：$102 = 10 \times 10^2$ = 1 000 μH 或 1 mH ±5%（误差）。

设计经验：直接在有效值后面写出 0 的个数，然后从个位向前换算，起始单位是微亨（μH），够 3 个 0 就是毫亨（mH），够 6 个 0 就是亨（H）。例如 1 000 够 3 个 0 可以写成 1 mH，1 000 000 够 6 个 0 可以写成 1 H。

(4) 色环法：用不同颜色的带或点在电感器表面标出标称阻值和允许偏差，如图 1-14 所示。(与电阻相同)

普通电感（4 色环）：前 2 环是有效值，第 3 环是 0 的数量（1 代表一个 0，依次类推），第 4 环是允许误差。

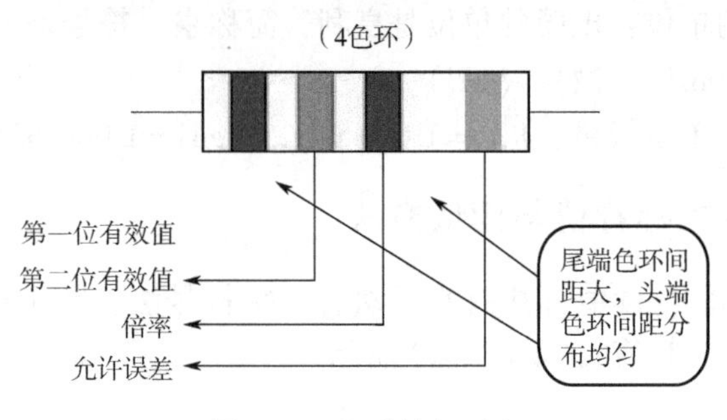

图 1-14　电感的色环法

1.4.3　电感的串、并联计算与检测方法

(1) 电感的串、并联应用计算公式：

串联：$L_{总} = L_1 + L_2 + L_3 + \cdots$

$U_{总} = U_1 + U_2$，$I_{总} = I_1 = I_2$　（感值增大）

并联：$L_{总} = 1/(1/L_1 + 1/L_2 + 1/L_3 + \cdots)$

$U_{总} = U_1 = U_2$，$I_{总} = I_1 + I_2$　（感值变小）

两个相同感值（如 10 H）的并联简便计算公式：

$$L = \frac{L_1 \times L_2}{L_1 + L_2} = \frac{10 \times 10}{10 + 10} = \frac{100}{20} = 5 \text{（H）}$$

多个相同感值（如 10 H）的并联简便计算公式：

$\frac{1}{L} = \frac{1}{L_1} + \frac{1}{L_2} + \frac{1}{L_3} = \frac{1}{10} + \frac{1}{10} + \frac{1}{10} = \frac{3}{10}$，则 $L = \frac{10}{3} \approx 3.33$（H）。

例如，$L_1 = 1$ H，$L_2 = 2$ H，$L_3 = 3$ H，并联计算 L。

$\frac{1}{L} = \frac{1}{L_1} + \frac{1}{L_2} + \frac{1}{L_3} = \frac{1}{1} + \frac{1}{2} + \frac{1}{3} = \frac{1 \times 6}{1 \times 6} + \frac{1 \times 3}{2 \times 3} + \frac{1 \times 2}{3 \times 2} = \frac{11}{6}$，则 $L = \frac{6}{11} \approx 0.545$（H）。

怎么选择 2 个电感并联得到需要的感值：L（需要值）$= L$（选择值）$\times$ 2 倍，可以得到 2 个电感的值。例如：

$5\ \text{H} = \frac{L_1 \times L_2}{L_1 + L_2}$，如何算 L_1 和 L_2？用上面的公式 5 H × 2 倍 = 10H，再代入公式 $\frac{10 \times 10}{10 + 10} = \frac{100}{20} = 5$（H）。

(2) 电感的检测方法用 VC9802A 数字万用表。

一般测量电感的好坏，是测量线圈两端是否相通，将万用表转动至蜂鸣器挡，红黑表笔各接一端，蜂鸣器响，说明线圈是相通的，但值不会归 0，会显示一个很小的阻值（线圈越长，阻值越大），显示无穷大，说明线圈可能损坏或者线圈引脚氧化，清洗引脚再测试。

1.4.4　电感的主要参数

（1）电感量：电感量也称自感系数，是表示电感器产生自感应能力的一个物理量。

电感量的大小，主要取决于线圈的圈数（匝数）、绕制方式、有无磁芯及磁芯的材料等。通常，线圈圈数越多，绕制的线圈越密集，电感量就越大。有磁芯的线圈比无磁芯的线圈电感量大；磁芯导磁率越大的线圈，电感量也越大。

（2）允许偏差：允许偏差是指电感上标称的电感量与实际电感的允许误差值，见表 1-10。

表 1-10　允许偏差

等级符号	M（Ⅲ）	K（Ⅱ）	J（Ⅰ）	F
允许误差/%	±20	±10	±5	±1

（3）品质因数：品质因数也称 Q 值或优值，是衡量电感质量的主要参数。它是指电感器在某一频率的交流电压下工作时，所呈现的感抗与其等效损耗电阻之比。电感器的 Q 值越高，其损耗越小，效率越高。$Q=2\pi fL/R$。

（4）分布电容：分布电容是指线圈的匝与匝之间、线圈与磁芯之间存在的电容。电感的分布电容越小，其稳定性越好。

（5）额定电流：额定电流是指电感在正常工作时所允许通过的最大电流值。若工作电流超过额定电流，则电感器就会因发热而使性能参数发生改变，甚至还会因过流而烧毁。

1.4.5　电感的分类

按电感形式分类：固定电感和可变电感。

按导磁体性质分类：空芯线圈、铁氧体线圈、铁芯线圈和铜芯线圈。

按工作性质分类：天线线圈、振荡线圈、扼流线圈、陷波线圈和偏转线圈。

按绕线结构分类：单层线圈、多层线圈和蜂房式线圈。

按工作频率分类：高频线圈和低频线圈。

按结构特点分类：磁芯线圈、可变电感线圈、色码电感线圈和无磁芯线圈等。

1.4.6　电感的电路符号

电感的电路符号如图 1-15 所示。

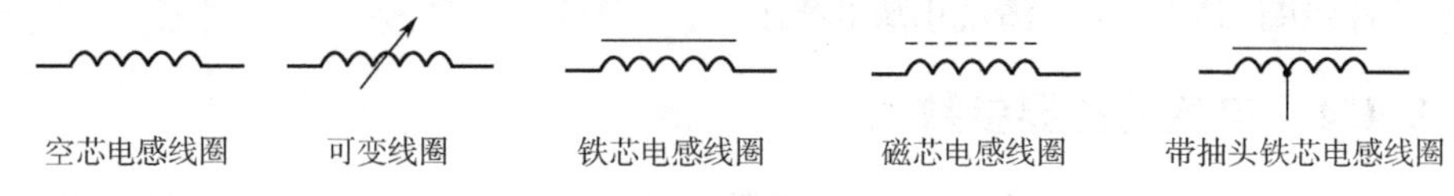

图 1-15　电感的电路符号

1.4.7　电感的常见外形

电感的常见外形如图 1-16 所示。

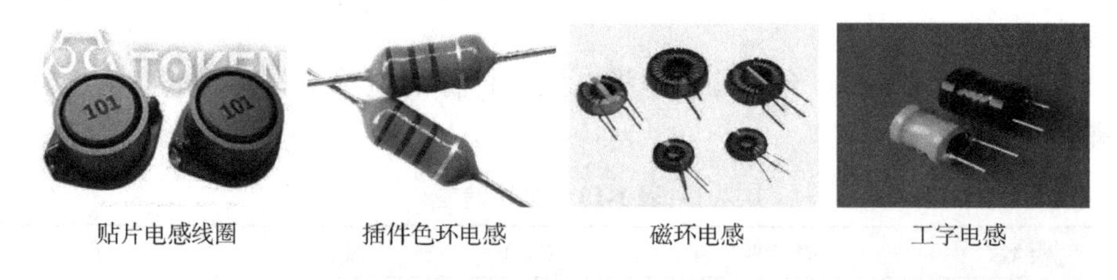

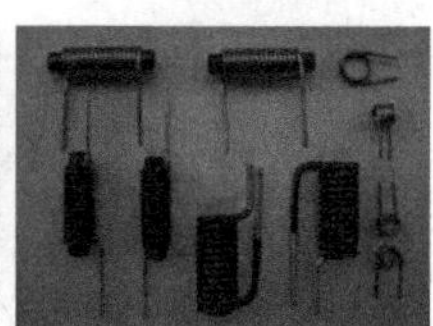

贴片电感　可调电感　变压器线圈　磁棒电感、空心线圈

图 1-16　电感的常见外形

1.4.8　电感的主要特性

电感的主要特性是通直隔交。

通直：指电感器对直流电流，感抗为 0，对电流的阻碍作用很小。

隔交：指电感器对交流电流，感抗很大，对电流的阻碍作用很大。

$$\text{感抗}\ X_L = 2\pi f L$$

式中：2π 为常数（$\pi = 3.14$）；f 为频率（交流电为 50 Hz，直流电为 0）；L 为电感量。

以交流、直流举例：$L = 1$ H，交流：$X_L = 2\pi fL = 2 \times 3.14 \times 50 \times 1 \approx 314$（Ω），直流：$X_L = 2\pi fL = 2 \times 3.14 \times 0 \times 1 = 0$（Ω）。

> 结论：
> 频率越高，电感量越大，感抗越大；
> 频率越低，电感量越小，感抗越小。

1.5　晶体二极管（D）——有源器件

1.5.1　二极管的基本知识

（1）二极管的定义：是由一个PN结组成，只往一个方向传送电流的半导体器件。

（2）二极管的主要特性：单向导电性（从P极流向N极）。

（3）二极管的表示字母为D，稳压二极管为ZD，发光二极管为LED，激光二极管为ZD，紫外线二极管为UV LED。

（4）二极管两个电极分别为：阳极（A）、阴极（K）；也常称正极（P）、负极（N）。

（5）二极管的作用：整流、检波、隔离、稳压、开关、指示等。

（6）普通二极管导通的条件：①正偏［稳压二极管是负极大于正极（稳压值），电压一定值才能导通］。②高于门槛电压：锗管（0.2～0.3 V）［硅管（0.6～0.7 V）］。

（7）正向偏置与反向偏置的解释。

正向偏置：就是给二极管的阳极（A）接电源的正极（+），阴极（K）接电源的阴极（-）。

反向偏置：就是给二极管的阴极（K）接电源的正极（+），阳极（A）接电源的负极（-）。

（8）二极管的结构示意图如图1-17所示。

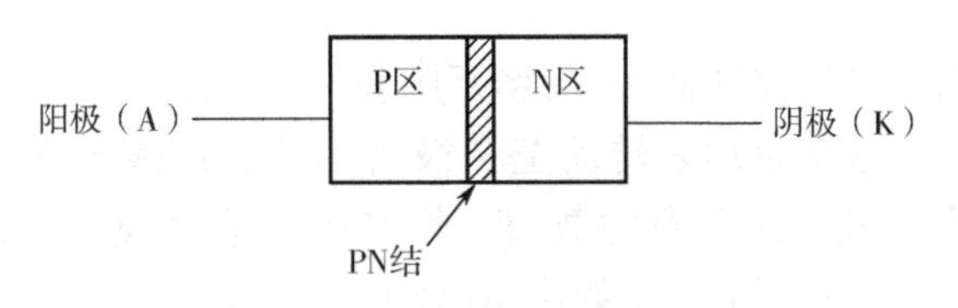

图1-17　二极管的结构示意图

1.5.2　二极管的主要特性单向导电性

当P区水压（电压）高于台阶（门槛电压）后通过单向闸门流向N区；当N区流向P区时由于是单向闸门水被台阶挡住，所以不能通过［这就是二极管的单向导电性，如图1-18所示，只能从P流向N］。

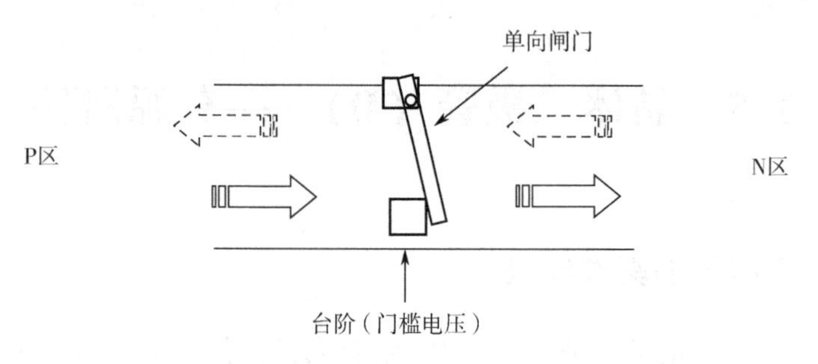

图 1-18　二极管的单向导电性

1.5.3　二极管的伏安曲线

二极管的伏安曲线如图 1-19 所示。

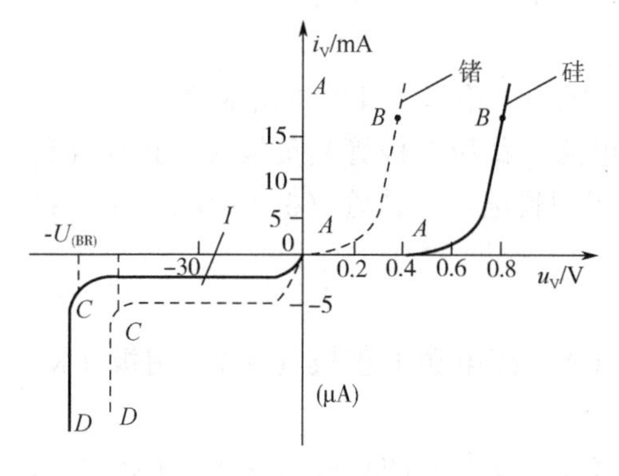

图 1-19　二极管的伏安曲线

正向特性：

当正向电压高于门槛电压：锗管（0.2～0.3 V）［硅管（0.6～0.7 V）］时，正向电流迅速增大，进入导通状态。

反向特性：

当反向电压高于击穿电压 $U_{(BR)}$ 时，反向电流急剧增大，会造成二极管击穿损坏。

1.5.4　二极管的检测方法

二极管检测工具用 VC9802A 数字万用表。

好坏判断：将数字万用表转动至二极管挡位，红表笔接 P 端，黑表笔接 N 端，屏幕会显示 200 Ω 左右的数值，将红黑表笔对换，屏幕应该显示无穷大，如果为数值 0 或接近 0，那就说明已经击穿损坏了。

极性判断：将数字万用表转动至二极管挡位，红表笔接假设 P 端，黑表笔接另端，屏幕会显示几百欧左右的数值，将红黑表笔对换，屏幕应该显示无穷大，说明现在红表笔接的是 N 端，黑表笔接的是 P 端。

1.5.5　二极管的主要参数

（1）最大整流电流 I_{FM}：I_{FM}是指管子长期运行时，允许通过的最大正向平均电流。因为电流通过 PN 结要引起管子发热，电流太大，发热量超过限度，就会使PN结烧坏。

(2) 最高反向工作电压 U_{RM}：U_{RM}是指保证二极管不被击穿所允许施加的最大反向电压，为了保证使用安全，一般规定最高反向工作电压约为击穿电压的一半，以确保管子安全运行。

(3) 反向饱和电流 I_{RM}：I_{RM}是指二极管在规定的温度和最高反向电压作用下，流过二极管的反向漏电流。反向电流越小，管子的单方向导电性能越好。值得注意的是反向电流与温度有着密切的关系，大约温度每升高10 ℃，反向电流增大一倍。

(4) 最高工作频率f_M：f_M 是指整流二极管能正常工作的最高频率，选用时，必须使二极管的工作频率低于此值；如高于此值，整流二极管的单向导电性受影响。

1.5.6　二极管的分类

1. 稳压二极管

(1) 稳压二极管的定义：稳压二极管（ZD）又叫齐纳二极管，工作于反向击穿状态，当反向偏置电压大于二极管的额定反向电压时，二极管被击穿导通，稳压二极管的电压基本不变（电流变化），从而达到稳压的目的。

(2) 稳压二极管的两个重要参数。

① 稳定电压：指稳压二极管在起稳压作用范围内，其两端的反向电压值。

② 最大工作电流：指稳压二极管在正常工作时，所允许通过的最大反向电流值。

(3) 稳压二极管的检测方法用VC9802A数字万用表。

好坏判断：将数字万用表转动至二极管挡位，红表笔接P端，黑表笔接N端，屏幕会显示几百欧左右的数值，将红黑表笔对换屏幕应该显示无穷大，如果为数值0或接近0，那就说明已经击穿损坏了。

极性判断：将数字万用表转动至二极管挡位，红表笔接假设P端，黑表笔接另端，屏幕会显示几百欧左右的数值，将红黑表笔对换，屏幕应该显示无穷大，说明现在红表笔接的是N端，黑表笔接的是P端。

稳压值的判断：将稳压二极管接入1～24 V的直流稳压电源，阳极接电源正极，阴极接电源负极，然后调动电源输出旋钮，待万用表的数值没有随着电压变动时，此时万用表的显示电压就是稳压管的稳压值。

2. 发光二极管

(1) 发光二极管的定义：是能将电信号转换成光信号的电子器件，简称LED。

(2) 发光二极管的管芯材料：磷化镓（GaP）、磷砷化镓（GaAsP）、砷铝化镓（GaAlAs）、氮化镓（GaN）。

（3）发光二极管的重要参数。

① LED 的颜色：显示的光颜色。

② 最大正向直流电流 I_{Fm}：允许加的最大的正向直流电流。超过此值可损坏二极管。

③ LED 的工作（正向）电压：红、黄、黄绿（1.8～2.4 V）、白、蓝、翠绿（3.0～3.6 V）。

④ 最大反向电压 V_{Rm}：所允许加的最大反向电压。超过此值，LED 发光二极管可能被击穿损坏。

⑤ 工作环境 t_{opm}：LED 发光二极管可正常工作的环境温度范围。低于或高于此温度范围，将不能正常工作。

（4）LED 限流电阻计算公式：

$$R = (E - U_F)/I_F$$

式中：E 为电源电压；U_F 为 LED 的导通电压；I_F 为 LED 的正向工作电流。

（5）发光二极管的检测方法（VC9802A 数字万用表）。

好坏测试：将数字万用表转动至二极管挡位，红表笔接正极，黑表笔接负极，二极管会发光。

极性判别：将数字万用表转动至二极管挡位，红表笔接假设正极，黑表笔接假设负极，二极管如果发光，则证明红表笔接的是二极管正极，黑表笔接的是二极管负极。

① 检波二极管：将叠加在高频载波上的低频信号检出来。定义：输出电流小于 100 mA 为检波。

② 整流二极管：将交流转变为直流的过程。定义：输出电流大于 100 mA 为整流。

③ 开关二极管：在数字电路中，用于接通和关断电路的二极管。

④ 变容二极管：利用 PN 结的结电容随外加反偏电压变化而变化的二极管。

⑤ 肖特基二极管：利用金属与半导体接触所形成的势垒对电流进行控制的二极管。

⑥ 雪崩二极管：在外加电压的作用下可以产生高频振荡的二极管。

⑦ 限幅二极管：就是将信号的幅值限制在所需要的范围之内的二极管。

1.5.7 二极管的电路符号

二极管的电路符号如图 1-20 所示。

图 1-20　二极管的电路符号

1.5.8　二极管的常见外形

二极管的常见外形如图 1-21 所示。

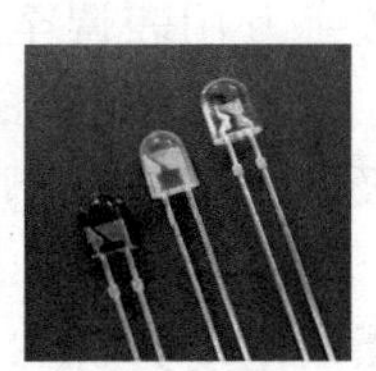

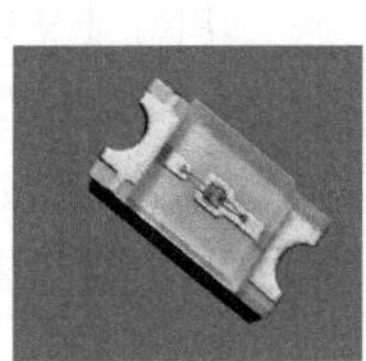
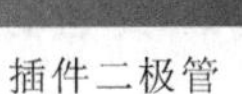

插件二极管　贴片二极管　插件发光二极管　光电二极管　贴片发光二极管

图 1-21　二极管的常见外形

1.6　晶体三极管（Q）——有源器件

1.6.1　三极管的基本知识

（1）三极管的定义：是由两个 PN 结组成，并且具有电流放大能力的半导体器件。三极管是电流控制器件。

（2）三极管的表示字母为 Q，也常用 VT 表示。

（3）三极管的用途：主要是放大和开关。

（4）三极管的三个电极分别为：B（基极）、C（集电极）、E（发射极）。

（5）三极管的两个电结分别为：集电结（集电极和基极之间的 PN 结），发射结（发射极和基极之间的 PN 结）。

1.6.2　三极管的结构与电路符号

三极管的结构与电路符号如图 1-22 所示。

1.6.3　三极管的检测方法

三极管的检测方法用 VC9802A 数字万用表。

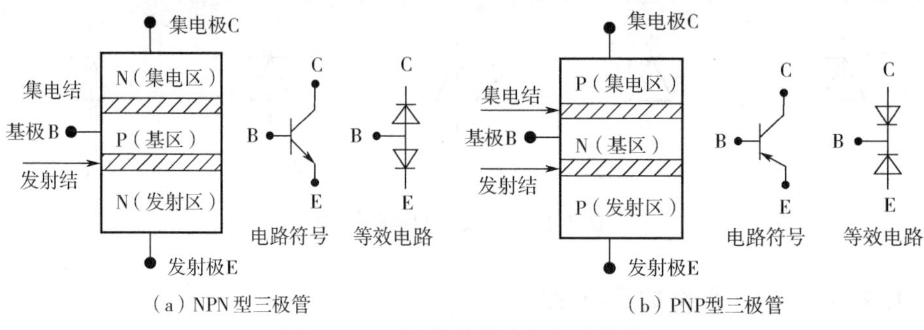

（a）NPN型三极管　　（b）PNP型三极管

图 1-22　三极管的结构与电路符号

NPN、PNP 类型判断：将数字万用表调至二极管挡，红表笔接假设的 B 极（中间脚），黑表笔分别测其他两脚，如果测得两脚分别有 500、600 的值，那么说明现在红表笔接的是基极（B），中间脚为 P 型，两边为 N 型，三极管即为 NPN 管（见图 1-23）。

设计经验：红表笔不动，黑表笔动为 NPN 管；黑表笔不动，红表笔动为 PNP 管。

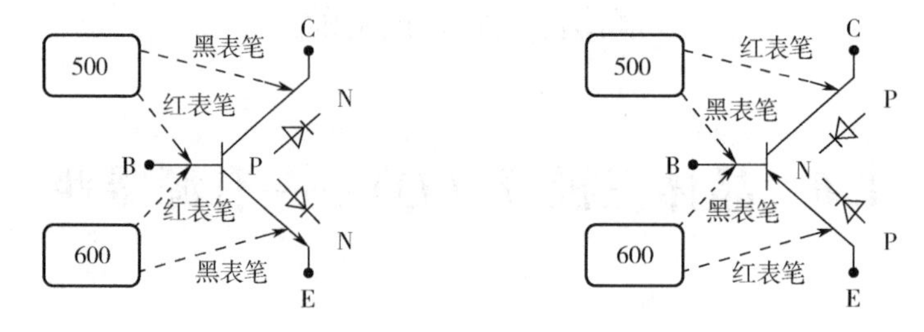

图 1-23　B、C、E 极性判断

B、C、E 极性判断：将数字万用表调至二极管挡，红表笔接基极（B），黑表笔分别测其他两脚，如果测得两脚分别有 500、600 的值，那么说明 500 数值的那脚是集电极（C），600 数值的那脚是发射极（E），因为发射结材质浓度高，所以阻值较大。

三极管的电流放大倍数测试：将数字万用表置于 h_{FE}挡，若被测管是 NPN 型管，则将管子的各个引脚插入 NPN 插孔相应的插座中，此时屏幕上就会显示出被测管的 h_{FE}值。

1.6.4　三极管的主要参数

（1）共发射极直流电流放大系数 β：是指输入电流 I_C与输出电流 I_B的比值。$\beta = I_C/I_B$。

（2）共发射极交流电流放大系数 β：三极管在有信号输入时，交流电流放大系数 β 定义为集电极电流的变化量 ΔI_C 与基极电流的变化量 ΔI_B 之比。$\beta = \dfrac{\Delta I_C}{\Delta I_B}$。

(3) 共基极直流电流放大系数α：表示三极管在共基极连接时，某工作点处I_C与I_E的比值。在忽略I_{CBO}的情况下，

$$\bar{\alpha} = \frac{\bar{\beta}}{1+\bar{\beta}}$$

(4) 共基极交流电流放大系数α：表示三极管作共基极连接时，在U_{CB}恒定的情况下，I_C和I_E的变化量之比，即

$$\alpha = \left.\frac{\Delta I_C}{\Delta I_E}\right|_{U_{CB}}$$

一般情况下由于直流$\beta \approx$交流β，直流$\alpha \approx$交流α，相差很小。因此，实际使用中经常不加区分。

(5) 集电极-基极反向饱和电流I_{CBO}：I_{CBO}是指发射极开路，在集电极与基极之间加上一定的反向电压时所对应的反向电流。它是少子的漂移电流。在一定温度下，I_{CBO}是一个常量。随着温度的升高，I_{CBO}将增大，它是三极管工作不稳定的主要因素。在相同环境温度下，硅管的I_{CBO}比锗管的I_{CBO}小得多。

(6) 集电极-发射极穿透电流I_{CEO}：I_{CEO}是指基极开路，集电极与发射极之间加一定反向电压时的集电极电流。I_{CEO}与I_{CBO}的关系为

$$I_{CEO} = (1+\beta)I_{CBO}$$

该电流好像从集电极直通发射极一样，故称为穿透电流。I_{CEO}和I_{CBO}一样，也是衡量三极管热稳定性的重要参数。

1.6.5　半导体三极管的频率特性参数

半导体三极管用于交流放大时，电流放大系数与频率有关。当三极管工作频率较低时，h_{FE}值变化不大，但三极管用于高频电路时，电流放大系数将会随着工作频率的升高而不断减小，这时就需要考虑频率特性参数了。

(1) 共基极截止频率f_α：共基极截止频率又叫α截止频率。在共基极电路中，电流放大系数α值在工作频率较低时基本上为一常数。当工作频率$f>f_\alpha$以后，电流放大系数α随频率的升高而下降，当α值下降到α_0（共基极放大器最低频率时的电流放大系数）时所对应的频率便是f_α。

(2) 共发射极截止频率f_β：共发射极截止频率又称β截止频率。它与f_α的定义相似，在共发射极电路里，电流放大系数β值在降低到β_0时所对应的频率便是f_β。f_β和f_α有下列关系：

$$f_\alpha = (1+\beta_0)f_\beta,\quad f_\beta = (1-\alpha_0)f_\alpha$$

(3) 特征频率f_T：当工作频率超过截止频率f_β以后，β值开始下降，当β值下降为1时，所对应的频率叫作特征频率f_T，如图1-24所示。当工作频率$f=f_T$时，半导体三极管就完全失去了电流放大功能。由于$f \cdot \beta =$常数，有时称f_T为增益带宽乘积。例如，在频率为6 MHz时，测得某三极管的β值为7，

则该三极管的特征频率 f_T 为

$$f_T = f_\beta = 6 \times 7 = 42(\text{MHz})$$

(4) 最高振荡频率 f_M：当半导体三极管的功率增益等于1时的频率称为半导体三极管的最高振荡频率 f_M。当工作频率大于 f_M 时，三极管不能得到功率放大；当工作频率低于 f_M 时，三极管可获得功率放大。可见 f_M 是半导体三极管的一个重要参数。在一般情况下，要使三极管工作稳定，又有一定的功放作用，三极管的实际工作频率应为 $(1/4 \sim 1/3)f_M$。

(5) 反向击穿电压 $U_{(BR)CEO}$：是基极B开路，集电极C与发射极E间的反向击穿电压。

(6) 集电极最大允许电流 I_{CM}：是 β 值下降到额定值的1/3时所允许的最大集电极电流。

(7) 集电极最大允许功耗 P_{CM}：是集电极上允许消耗功率的最大值。

1.6.6 三极管的工作原理

例如，基极电流 I_B（人事部）招聘到很多人员（载流子），但这些人员（载流子）中，只有一小部分进了基极自己的部门，大部分人员被基极分配到集电极 I_C（生产部），生产部不能直接招聘（载流子），全靠基极招聘。所以，基极电流控制了集电极电流 I_C，没有基极电流，就没有集电极电流。

1.6.7 三极管的特性曲线

输入特性：描述三极管在管压降 U_{CE} 保持不变的前提下，基极电流 I_B 和发射结压降 U_{BE} 之间的关系。

输出特性：描述三极管在输入电流 I_B 保持不变的前提下，集电极电流 I_C 和管压降 U_{CE} 之间的函数关系。

三极管的特性曲线如图1-24所示。

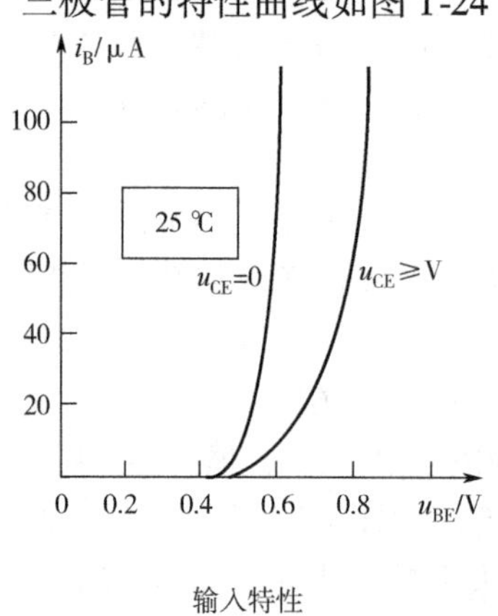

输入特性

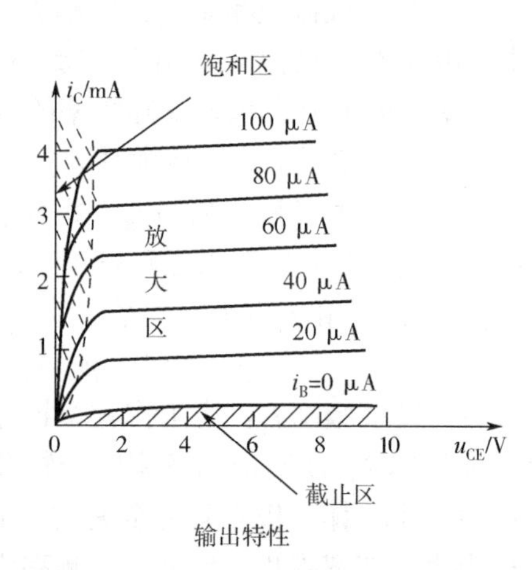

输出特性

图1-24 三极管的特性曲线

（1）截止区：当 U_{BE} 电压 < 开启电压时，$I_B = I_C = 0$，三极管截止（发射结、集电结反偏）。

（2）放大区：当 U_{CE} 电压增大，I_B 不变时，I_C 基本恒定，不随 U_{CE} 变化，这时 I_C 只受 I_B 的控制（发射结正偏，集电结反偏）。

（3）饱和区：当 U_{CE} 电压很小时工作在该区域，I_D 随 U_{DS} 作线性变化（发射结、集电结正偏）。

NPN 管举例说明如图 1-25 所示。

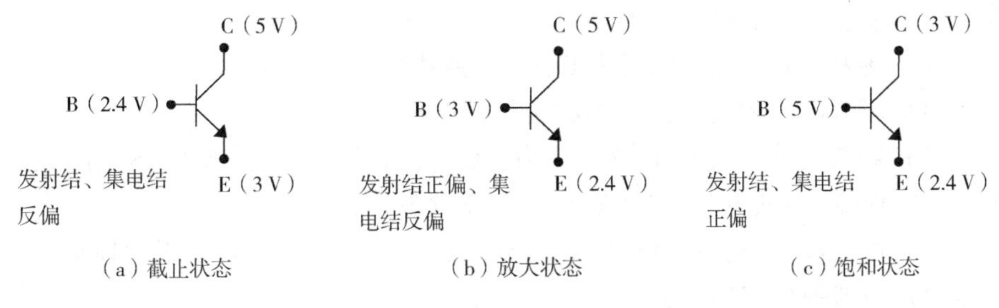

（a）截止状态　（b）放大状态　（c）饱和状态

图 1-25　NPN 管

1.6.8　三极管的分类

（1）按极性分类：NPN 型和 PNP 型。

（2）按用途分类：放大管和开关管。

（3）按材料分类：硅三极管和锗三极管。

（4）按工作频率分类：低频三极管和高频三极管。

（5）按功率分类：小功率、中功率和大功率三极管。

1.6.9　三极管的常见外形

三极管的常见外形如图 1-26 所示。

中功率插件

贴片三极管

小功率插件

大功率插件

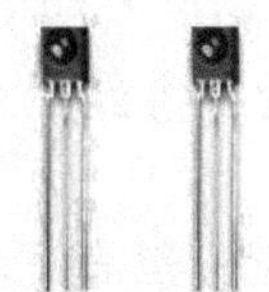

光电三极管

图 1-26　三极管的常见外形

1.7 场效应晶体管（FET)——有源器件

1.7.1 场效应管的基本知识

(1) 场效应管的定义：是一种通过电场效应来控制电流流动的半导体器件。场效应管是电压控制器件。

(2) 场效应管的英文缩写为 FET。电路中的表示字母为 Q。

(3) 场效应管的用途：主要是放大和开关。

(4) 场效应管的三个电极分别为：G（栅极)、D（漏极)、S（源极)。对应三极管的 B（基极)、C（集电极)、E（发射极)。

(5) 结型场效应管只有耗尽型，MOS 管（金属 - 氧化物 - 半导体场效应晶体管）有增强型和耗尽型。

① 增强型：就是 $U_{GS}=0$ V 时漏源极之间没有导电沟道，只有当 $U_{GS}>U_{GS(th)}$（N 沟道）或 $-U_{GS}>U_{GS(th)}$（P 沟道）才能出现导电沟道（需要 GS 加一定的电压才有导电沟道)。

② 耗尽型：就是 $U_{GS}=0$ V 时，漏源极之间存在导电沟道（制造时就有原始导电沟道)。

1.7.2 场效应管的结构与电路符号

场效应管的结构与电路符号如图 1-27 所示。

1.7.3 场效应管的检测方法

场效应管的检测方法用 VC9802A 数字万用表。

N 沟道 MOS 管极性、好坏判断：先将场效应管 3 个脚短接放电，然后调至二极管挡，红表笔接 MOS 管的 S 极，黑表笔测 D 极有 500 多的值，黑表笔测 G 极数值为 1 不动，将红黑表笔对调数值应为 1 不动，如图 1-28 所示。

P 沟道 MOS 管极性、好坏判断：先将场效应管 3 个脚短接放电，然后调至二极管挡，红表笔接 MOS 管的 D 极，黑表笔测 S 极有 500 多的值，黑表笔测 G 极数值为 1 不动，将红黑表笔对调数值应为 1 不动，如图 1-28 所示。

设计经验：红表笔不动，黑表笔动为 P 沟道；黑表笔不动，红表笔动为 N 沟道。

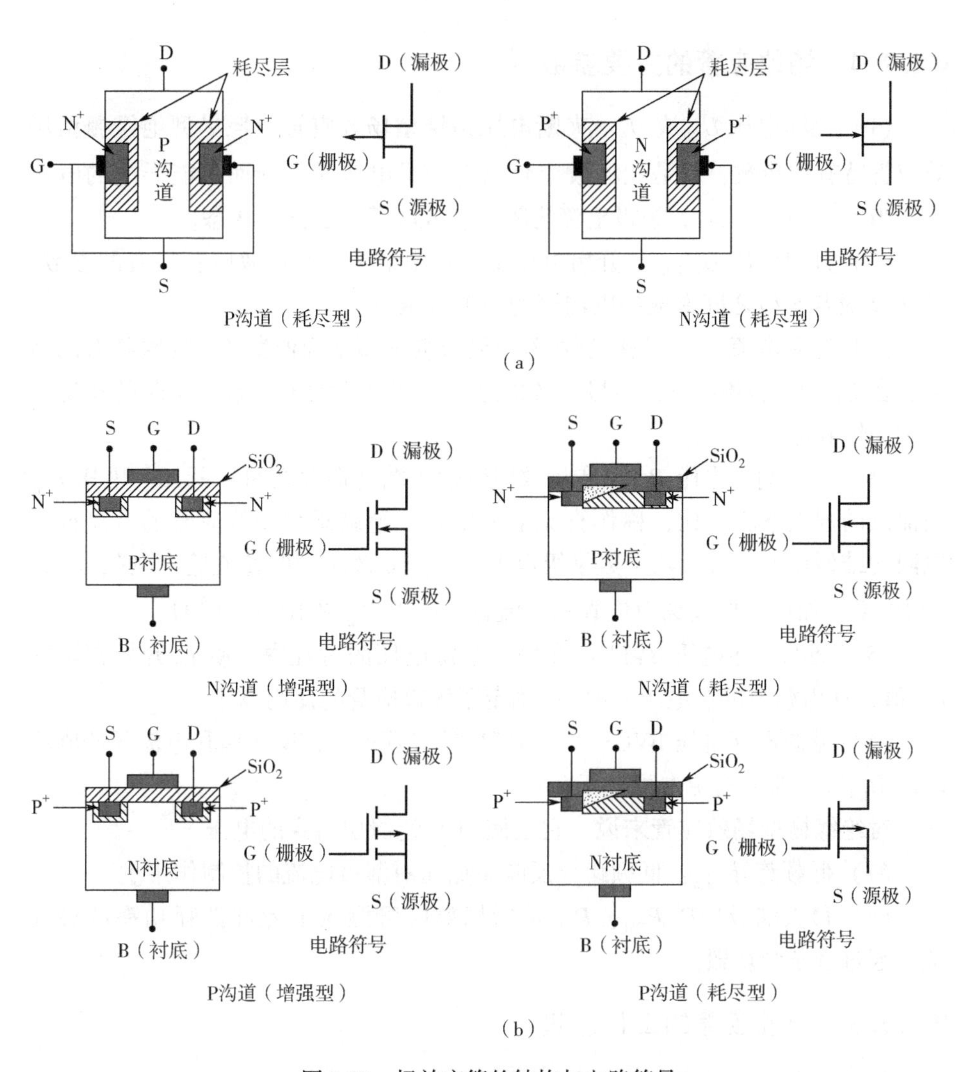

图 1-27　场效应管的结构与电路符号

（a）结型场效应管（砷化镓金属－半导体场效应管）：由于漏极源极结构上对称，一般情况下可以互换使用；（b）绝缘栅型场效应管（金属－氧化物－半导体场效应管）

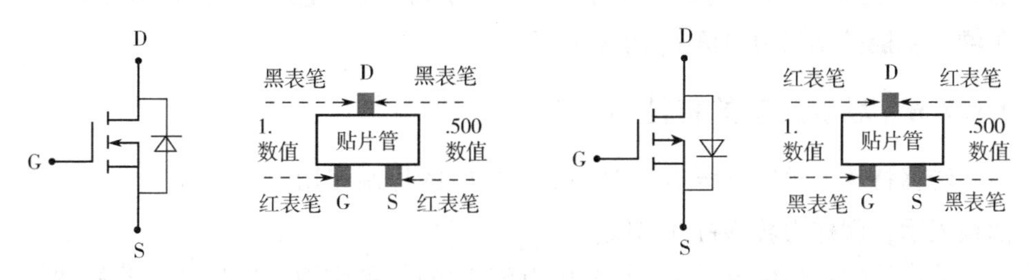

图 1-28　场效应管的检测方法

1.7.4 场效应管的主要参数

(1) 夹断电压 U_{GS}或 U_p：夹断电压是结型场效应管及耗尽型绝缘栅型场效应管特有的参数，就是让场效应管已有的导电沟道夹断而不能导电的电压值，当 $U_{GS}=U_{GS(off)}$时，漏极电流为零，场效应管处于截止状态。

(2) 开启电压 $U_{GS(th)}$：开启电压是增强型绝缘栅型场效应管特有的参数，是让 D 极与 S 极之间形成导电沟道的一个电压值。

(3) 饱和电流 I_{DSS}：是结型场效应管及耗尽型绝缘栅型场效应管特有的参数，在 $U_{DS}=0$ 的条件下，漏极与源极之间所加电压大于夹断电压时的沟道电流称为饱和电流。

(4) 直流输入电阻 R_{GS}：在场效应管输入端（栅源之间）所加的电压 U_{GS}与流过的栅极电流之比，称作直流输入电阻。绝缘栅型场效应管的直流输入电阻比结型场效应管大两个数量级以上。结型场效应管的直流输入电阻 R_{GS}约为 $10^7\ \Omega$，而绝缘栅型场效应管的直流输入电阻 R_{GS}为 $10^9 \sim 10^{15}\ \Omega$。

(5) 漏源击穿电压 BVDS：在增大漏源电压的过程中，使 I_D 开始剧增的 U_{DS}值，称为漏源击穿电压。BVDS 确定了场效应管的使用电压。

(6) 栅源击穿电压 BVGS：对结型场效应管来说，反向饱和电流开始剧增时的 U_{GS}值，即为栅源击穿电压。

对绝缘栅型场效应管来说，它是使 SiO_2 绝缘层击穿的电压。

(7) 低频跨导 g_m：低频跨导反映了栅压对漏极电流的控制作用。

(8) 最大漏极功耗 P_{DM}：P_{DM}是指场效应管漏极上允许消耗功率的最大值，超过管子会烧毁。

1.7.5 场效应管的工作原理

例如，当 GS 不加电压时（相当于马路上没车），I_D（通行车辆）能畅通无阻地通过；当 GS 增加电压达到夹断电压 $U_{GS(off)}$时（相当于马路两边车在增加），I_D（通行车辆）不能通过等于 0，所以调节 GS 电压（相当于马路两边车辆）就能控制沟道电流 I_D 的大小。

1.7.6 场效应管的特性曲线

转移特性：栅极电压 U_{GS}对漏极电流 I_D 的控制作用称为转移特性，若用曲线表示，就称为转移特性曲线。

输出特性：漏极电压 U_{DS}与漏极电流 I_D 的关系称为输出特性，若用曲线表示，就称为输出特性曲线。

1. N 沟道结型、绝缘栅（耗尽型）

N 沟道耗尽型特性曲线如图 1-29 所示。

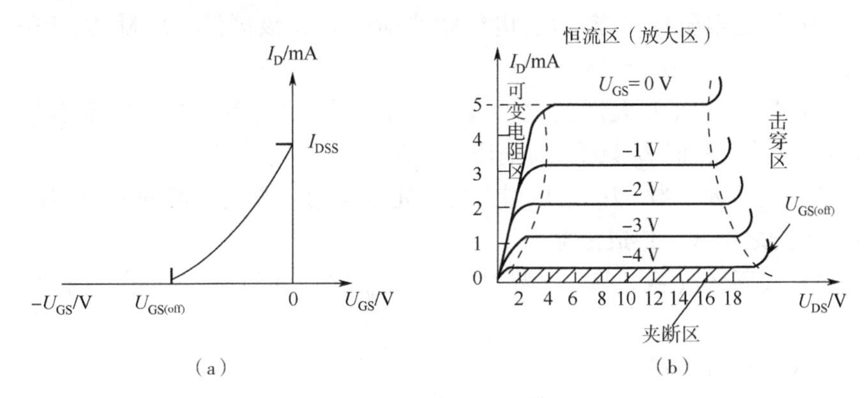

图 1-29　N 沟道耗尽型特性曲线

（a）转移特性；（b）输出特性

（1）可变电阻区：当 U_{DS} 电压很小时工作在该区域，I_D 随 V_{DS} 作线性变化。

（2）恒流区（放大区）：当 U_{DS} 电压增大，U_{GS} 不变时，I_D 基本恒定，不随 U_{DS} 变化，这时 I_D 只受 U_{GS} 电压的控制。

（3）击穿区：当 U_{DS} 电压增大到一定程度时，靠近漏区的 PN 结反偏电压 U_{DG} 也随之增大，造成击穿。

（4）夹断区（截止区）：当 $-U_{GS} \geqslant U_{GS(off)}$ 时，漏极电流为零，场效应管截止。

2. P 沟道结型、绝缘栅（耗尽型）

P 沟道耗尽型特性曲线如图 1-30 所示。

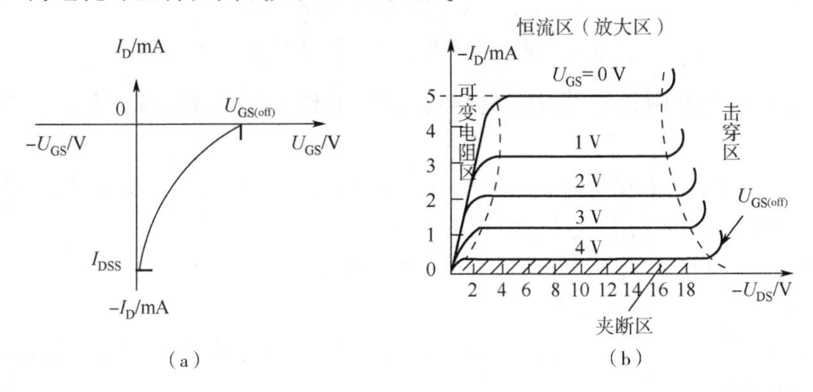

图 1-30　P 沟道耗尽型特性曲线

（a）转移特性；（b）输出特性

转移特性如下：当 $U_{GS}=0$ 时就有导电沟道，当 $U_{GS}\geqslant U_{GS(off)}$ 时，导电沟道关闭，$I_D=0$。

(1) 可边电阻区：当 $-U_{DS}$ 电压很小时工作在该区域，I_D 随 U_{DS} 作线性变化。

(2) 恒流区（放大区）：当 $-U_{DS}$ 电压增大，U_{GS} 不变时，I_D 基本恒定，不随 U_{DS} 变化，这时 I_D 只受 U_{GS} 电压的控制。

(3) 击穿区：当 $-U_{DS}$ 电压增大到一定程度时，靠近漏区的 PN 结反偏电压 U_{DG} 也随之增大，造成击穿。

(4) 夹断区（截止区）：当 $U_{GS}\geqslant U_{GS(off)}$ 时，漏极电流为零，场效应管截止。

3. N 沟道（增强型）

N 沟道增强型特性曲线如图 1-31 所示。

转移特性如下：当 $U_{GS}=0$ 时没有导电沟道，当 $U_{GS}\geqslant U_{GS(th)}$ 时，导电沟道开启，有 I_D 电流。

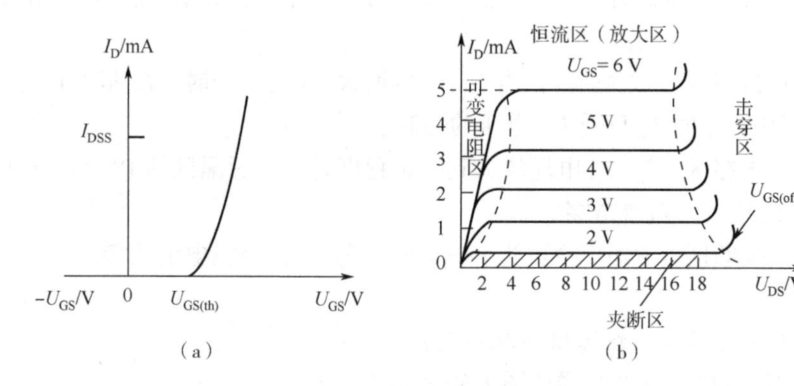

图 1-31　N 沟道增强型特性曲线

(a) 转移特性；(b) 输出特性

(1) 可变电阻区：当 U_{DS} 电压很小时工作在该区域，I_D 随 U_{DS} 作线性变化。

(2) 恒流区（放大区）：当 U_{DS} 电压增大，U_{GS} 不变时，I_D 基本恒定，不随 U_{DS} 变化，这时 I_D 只受 U_{GS} 电压的控制。

(3) 击穿区：当 U_{DS} 电压增大到一定程度时，靠近漏区的 PN 结反偏电压 U_{DG} 也随之增大，造成击穿。

(4) 夹断区（截止区）：当 $U_{GS}\leqslant U_{GS(th)}$ 时，沟道未形成，漏极电流为零，场效应管截止。

4. P 沟道（增强型）

P 沟道增强型特性曲线如图 1-32 所示。

转移特性如下：当 $U_{GS}=0$ 时没有导电沟道，当 $-U_{GS}\geqslant U_{GS(th)}$ 时，导电沟道开启，有 I_D 电流。

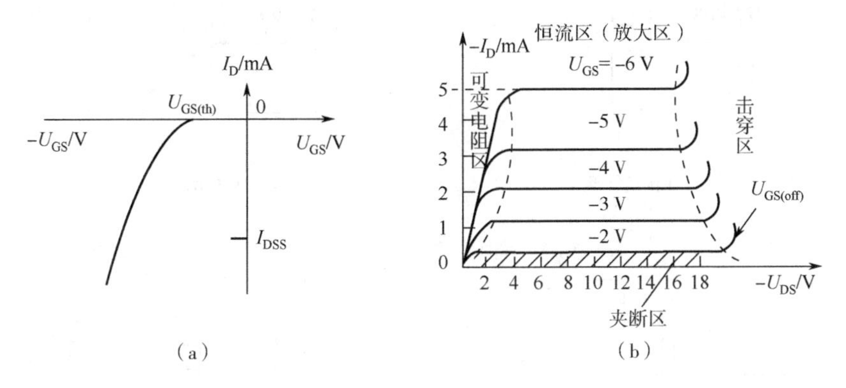

（a）　　　　（b）

图1-32　P沟道增强型特性曲线

（a）转移特性；（b）输出特性

（1）可变电阻区：当 $-U_{DS}$ 电压很小时工作在该区域，I_D 随 U_{DS} 作线性变化。

（2）恒流区（放大区）：当 $-U_{DS}$ 电压增大，U_{GS} 不变时，I_D 基本恒定，不随 U_{DS} 变化，这时 I_D 只受 U_{GS} 电压的控制。

（3）击穿区：当 $-U_{DS}$ 电压增大到一定程度时，靠近漏区的PN结反偏电压 U_{DG} 也随之增大，造成击穿。

（4）夹断区（截止区）：当 $-U_{GS}\leqslant U_{GS(th)}$ 时，沟道未形成，漏极电流为零，场效应管截止。

1.7.7　场效应管的分类

JFET场效应管
- JFET（绝缘栅型）（耗尽型）
  - N沟道
  - P沟道
- MOSFET（IGFET）（绝缘栅型）
  - 增强型
    - N沟道
    - P沟道
  - 耗尽型
    - N沟道
    - P沟道

结型场效应管只有耗尽型。

MOS管有增强型和耗尽型。

增强型：就是 $U_{GS}=0$ V时，漏源极之间没有导电沟道，只有当 $U_{GS}>U_{GS(th)}$（N沟道）或 $-U_{GS}>U_{GS(th)}$（P沟道）时才能出现导电沟道。

耗尽型：就是 $U_{GS}=0$ V时，漏源极之间存在导电沟道。

1.7.8　场效应管的供电极性

场效应管的供电极性如图1-33所示。

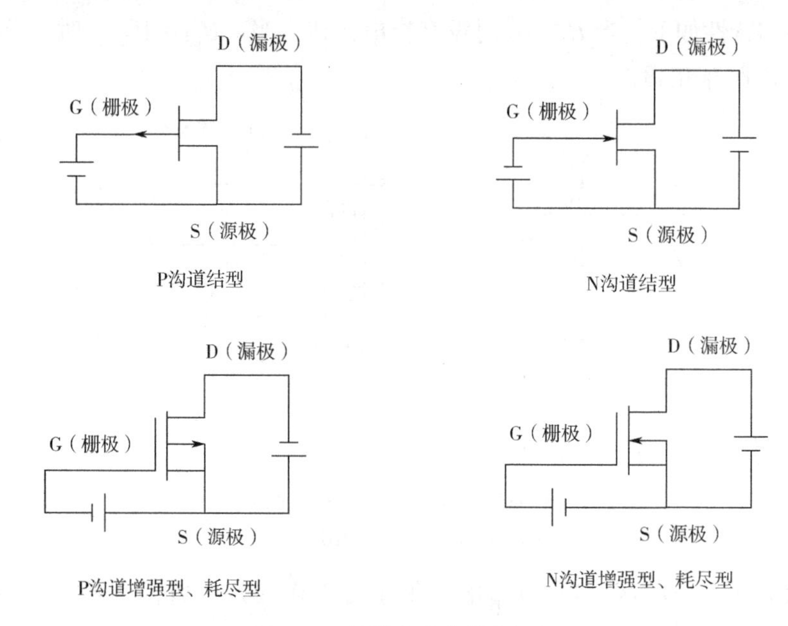

图 1-33　场效应管的供电极性

P 沟道与 N 沟道的主要区别：电压极性不同。

1.7.9　场效应管的常见外形

场效应管的常见外形如图 1-34 所示。

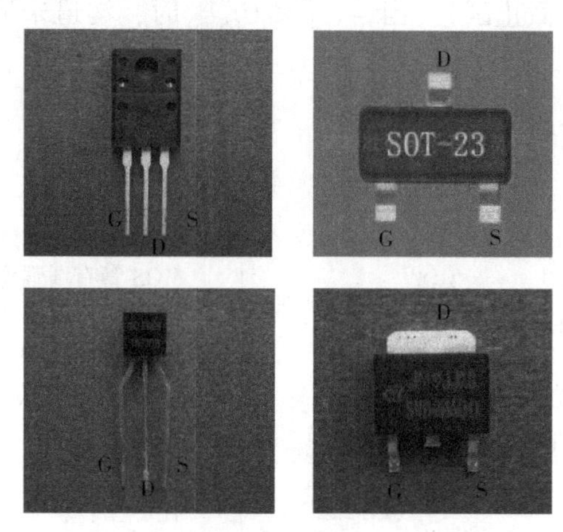

图 1-34　场效应管的常见外形

1.7.10　场效应管与三极管的比较

场效应管与三极管的比较见表 1-11。

表 1-11　场效应管与三极管的比较

项　目	场效应管	三极管
导电类型	单极型 (电子或空穴中的一种载流子参与导电)	双极型 (电子和空穴两种载流子参与导电)
控制方式	电压控制	电流控制
电极名称	S－G－D	E－B－C
类型	P 沟道、N 沟道	NPN、PNP
输入电阻	大 (10^7 ~ 10^{15} Ω)	小 (10^2 ~ 10^4 Ω)
工作区	恒流（饱和）区	放大区
	夹断区	截止区
	可变电阻区	饱和区
放大系数	g_m = 1 ~ 5 mA/V	β = 20 ~ 200 μA
制造工艺	简单	复杂
热稳定性	好	差
集成化	容易	困难
噪声系数	低	高
抗辐射能力	强	弱

1.8　晶闸管（T）——有源器件

1.8.1　晶闸管的基本知识

（1）晶闸管又称可控硅，是一种能够像闸门一样控制电路中电流的接通或断开的半导体器件。

（2）晶闸管的英文缩写为 T。电路中的表示字母为 VS 或 SCR。

（3）晶闸管的用途：主要是开关和可控整流（将交流电转换成可以调节的直流电）。

（4）晶闸管的三个电极分别为 G（控制极）、A（阳极）、K（阴极）。

（5）单向晶闸管：只能从 A 流向 B，是由 P－N－P－N 四层半导体材料制成的。

1.8.2　晶闸管的结构与电路符号

晶闸管的结构与电路符号如图 1-35 所示。

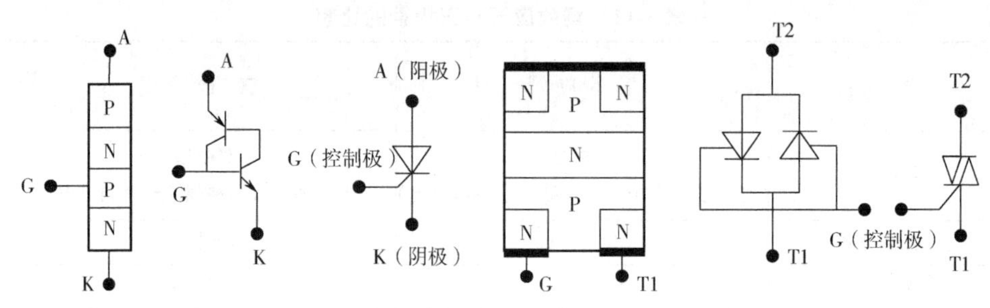

图 1-35　晶闸管的结构与电路符号

1.8.3　晶闸管的检测方法

(1) 单向晶闸管的电极和好坏判断：将万用表调至二极管挡位，红表笔接其中一脚，黑表笔分别测其他两脚，如两次测试一次有阻值，一次为 1 不动，说明是单向晶闸管（单向晶闸管的 G 与 K 只有一个 PN 结），所以现在红表笔接的是 G（控制极），阻值 500 那脚为 K（阴极），另一脚为 A（阳极）。如图 1-36（a）所示。

(2) 双向晶闸管的电极和好坏判断：从结构上看，晶闸管 G 极和 T1 极比较靠近，所以阻值小；G 极与 T2 极较远，所以阻值大。

先找出 T2 极，再判断 G 极和 T1 极：将万用表调至电阻挡位，先测试①②脚阻值，再测试②③脚阻值，最后测试①③脚阻值，若①②脚阻值为几十欧，②③、①③两组为无穷大，那么①②为 T1 极和 G 极，③脚为 T2 极，如图 1-36（b）所示。

判断出 T2 极后，进一步确认 T1 极和 G 极，将万用表调至电阻挡位（假定①脚为 T1 极，②脚为 G 极），红表笔接①脚，黑表笔接③脚并与②脚短接，若阻值能从无穷大变为几十欧，说明能触发导通，调换红黑表笔；若阻值还能从无穷大变为几十欧，说明①为 T1 极，②脚为 G 极，如图 1-36（c）所示。

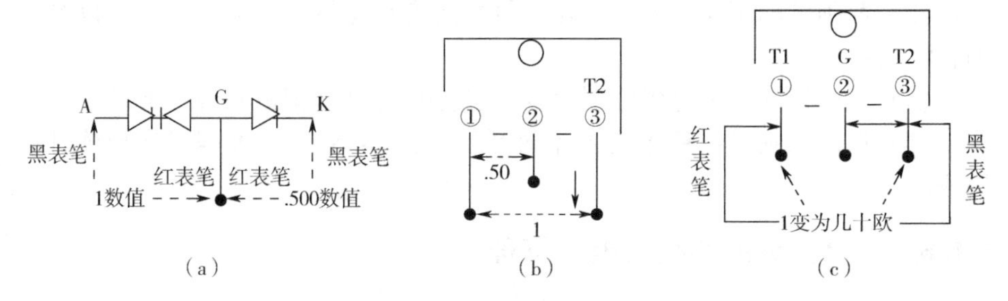

图 1-36　双向晶闸管的电极和好坏判断

1.8.4　晶闸管的主要参数

(1) 触发电压 U_{GT}和触发电流 I_{GT}：是指在规定环境温度下，能够使晶闸管触发导通，在控制极上所需的最小电压和电流。值越小触发的灵敏度越高($U_{GT}<10$ V，$I_{GT}<1$ A)。

(2) 维持电流 I_H：是指在 G 极开路时，维持晶闸管继续导通的最小正向电流。

(3) 断态重复峰值电压 U_{DRM}：是指晶闸管的控制极开路而结温为额定值时，允许重复加在晶闸管上的正向断态最大脉冲电压。

(4) 反向重复峰值电压 U_{RRM}：是指晶闸管的控制极开路而结温为额定值时，允许重复加在晶闸管上的反向最大脉冲电压。

(5) 正向转折电压 U_{BO}。

单向晶闸管：是指在控制极开路的情况下，阳极和阴极之间所能承受的最大电压。

双向晶闸管：是指在控制极开路的情况下，第一阳极和第二阳极之间所能承受的最大电压。

(6) 额定电压 U_R：断态重复峰值电压 U_{DRM}和反向重复峰值电压 U_{RRM}两者中较小的一个电压值规定为额定电压 U_R。

在选用晶闸管时，应该使其额定电压为正常工作电压峰值 U_M 的 2 ~ 3 倍。

(7) 额定电流 I_F：单向晶闸管的 I_F 是指在规定的环境温度和标准散热条件下，允许通过阳极和阴极之间的电流平均值。

(8) 额定结温：是指晶闸管正常工作时，所能允许的最高温度。

1.8.5　晶闸管的伏安特性曲线

晶闸管的伏安特性是指阳极与阴极之间的电压和电流关系。晶闸管的伏安特性曲线如图 1-37 所示。

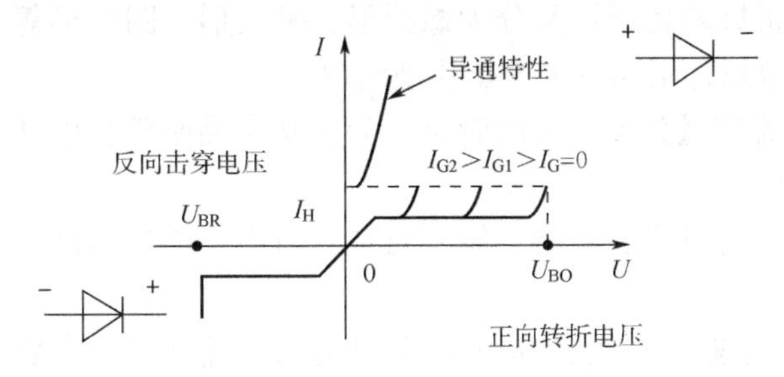

图 1-37　晶闸管的伏安特性曲线

1. 单向晶闸管

正向特性：是在控制极开路的情况下，电压与电流的关系。

当在晶闸管两端加上正向电压后，开始处于正向阻断状态（$I_G=0$），流过阳极和阴极的正向漏电流很小，当正向电压 > U_{BO}时，正向电流急剧增大，晶闸管导通，进入负阻区，I_G 逐渐增大，正向转折电压降低。

反向特性：是在反向电压加大到一定程度时，与电流的关系。

当在晶闸管两端加上反向电压后，开始处于反向阻断状态，流过阳极和阴极的反向漏电流很小，当反向电压 > U_{BR}时，反向电流急剧增大，最终导致晶闸管击穿损坏。

2. 双向晶闸管

双向晶闸管伏安特性如图 1-38 所示。

伏安特性：

当外加电压 T1 端为正，T2 端为负时，若 $I_G>0$，则晶闸管正向触发导通。

当外加电压 T1 端为负，T2 端为正时，若 $I_G<0$，则晶闸管反向触发导通。

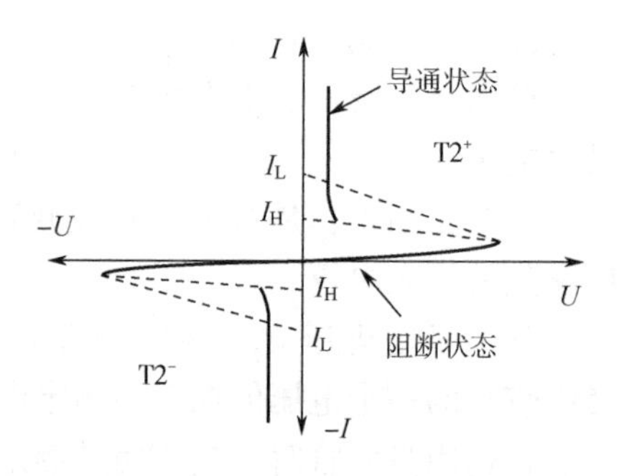

图 1-38　双向晶闸管伏安特性

3. 晶闸管的分类

（1）按关断、导通及控制方式分类，晶闸管可分为普通晶闸管、双向晶闸管、逆导晶闸管、门极关断晶闸管（GTO）、BTG 晶闸管、温控晶闸管和光控晶闸管等多种。

（2）按引脚和极性分类，晶闸管可分为二极晶闸管、三极晶闸管和四极晶闸管。

（3）按封装形式分类，晶闸管可分为金属封装晶闸管、塑封晶闸管和陶瓷封装晶闸管三种类型。

其中，金属封装晶闸管又分为螺栓形、平板形、圆壳形等多种；塑封晶闸管又分为带散热片型和不带散热片型两种。

（4）按电流容量分类，晶闸管可分为大功率晶闸管、中功率晶闸管和小功率晶闸管三种。

通常大功率晶闸管多采用金属壳封装，而中、小功率晶闸管则多采用塑封或陶瓷封装。

（5）按关断速度分类，晶闸管可分为普通晶闸管和高频（快速）晶闸管。

1.8.6　晶闸管的常见外形

晶闸管的常见外形如图 1-39 所示。

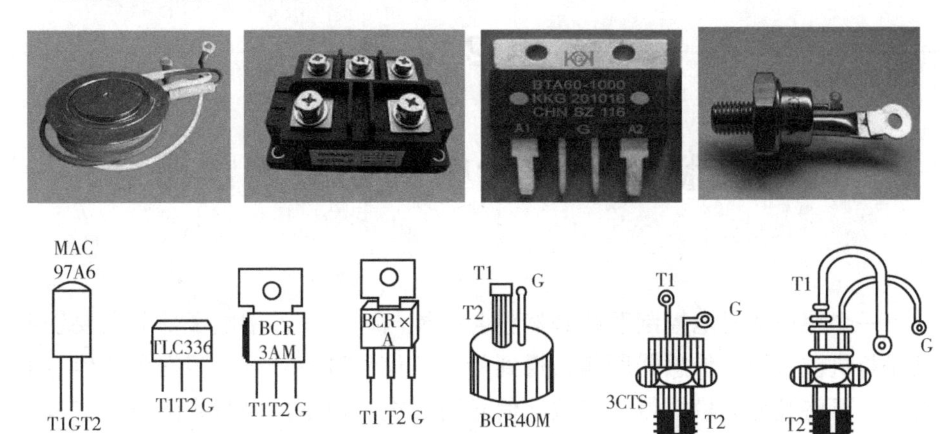

图 1-39　常见晶闸管的外形

第2章 机电控制系统设计中的初级电学概念

一个完整的机电控制系统必然包含机械与电子，其中电子部分主要任务就是将机械系统中传感器所测量得到的各类信号进行处理。根据各类信号的特点，可将其分为模拟信号和数字信号两大类。模拟信号是指随时间连续变化的信号，如正弦波电压信号；数字信号是指在时间上和数量上都不连续变化的信号，即离散的信号，如方波电压信号。由于这两类信号的处理方法各不相同，因此电子电路也相应地分为两类：一是处理模拟信号的电路，也即模拟电路，如交流、直流放大电路；二是处理数字信号的电路，也即数字电路。数字电路包括信号的传送、控制、记忆、计数、产生、整形等内容。需要注意的是，数字电路在结构、分析方法、功能、特点等方面均不同于模拟电路，它的基本单元是逻辑门电路，分析工具是逻辑代数，在功能上则着重强调电路输入与输出间的因果关系，因而在无线电通信、自动控制系统、测量设备、电子计算机等领域获得了日益广泛的应用。

2.1 电流与电压的参考方向

2.1.1 电气量表示符号及其单位

在模拟电子分析与设计中，经常会听到或者见到很多的专业名词，其中最常见的电学基本单位可以总结如下。

电流：$i(t)$（A. C.） I（D. C.） 单位：A（安培）（ampere）

电压：$u(t)$（A. C.） U（D. C.） 单位：V（伏特）（volt）

功率：$p(t)$（瞬时功率） P（平均功率） 单位：W（瓦特）（watt）

能量：W 单位：J（焦耳）

特别需要说明的是，用于描述交流（A. C.）电压或者电流的信号一般用小写字母表示，如 i 和 u，又因为交流信号基本上都是时间的函数，所以需要对时间变量 t 进行说明，综合而言，交流电流和交流电压也就被描述为 $i(t)$ 和 $u(t)$。而直流信号与时间并无直接依赖，所以一般用大写字母表示，如 I 和 U。

2.1.2　电流及其参考方向

在初中物理教材中，定义了电子的定向移动为电流，并且知道电流会从电源的正极流向负极，由此就说明电流不仅仅有大小而且还有方向，是一个矢量。在大学阶段，将电流定义为 $i(t)=\frac{dq}{dt}$，其方向为正电荷运动的方向。

特别地，当电流为直流，则电流方向定义为电流从电源正极流向电源负极。直流电路及电流如图 2-1 所示。

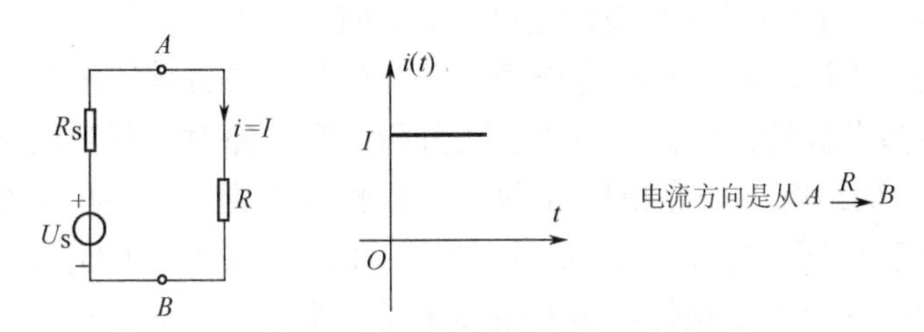

图 2-1　直流电路及电流

如果电流为交流情况时，其方法则如图 2-2 所示。

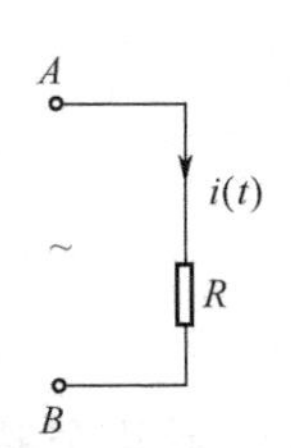

图 2-2　交流电路

电流是一个代数量，对于工频电 i 从 $A \xrightarrow{R} B$，每秒钟变换 50 次，所以无法确定 i 的真实方向。

由此可见，电流的方向在不同场合出现了不同的定义与表达，这很明显对后续复杂电路的分析是不方便的，所以必须对电流的方向进行统一。电流的参考方向概念正是为了解决这个问题而提出来的，在分析计算电路时，不管电流的真实方向，而给电流任意指定（假定）一个方向，这就叫参考方向。

求出电流后，若 $i>0$ 表示真实方向与参考方向相同；若 $i<0$ 表示真实方向与参考方向相反。

注意：

（1）无参考方向，电流的正负无意义。

（2）参考方向一旦选定，中途不得更改。

2.1.3 电压及其参考方向

介绍了电流的方向之后，自然也就引出了电压方向的概念。一般地，电压被定义为：$u=\frac{\mathrm{d}w}{\mathrm{d}q}$，即单位正电荷由 $A\rightarrow B$ 转移过程中所失去或获得的能量，叫 AB 间的电压，具体如下。

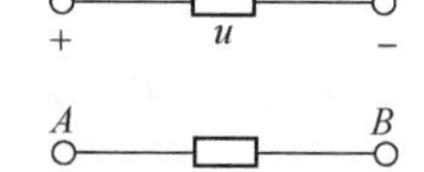

若失去能量，则由 $A\rightarrow B$ 是电位降了 u。

若获得能量，则由 $A\rightarrow B$ 是电位升了 u。

由“-”极性→“+”极性是电位升方向。

由“+”极性→“-”极性是电位降方向。

为了进一步规范电压升和电压降极性间的位置与方向，电学中也具体规定了电压的参考极性，具体定位为：在分析计算电路时，不管电压的真实极性（方向），而给电压任意指定（假设）极性（方向），这叫参考极性（方向）。具体确定步骤为：计算出 u 后，若 $u>0$，表示真实极性与参考极性相同；若 $u<0$，表示真实极性与参考极性相反。注意：①无参考极性（方向），电压的正负无意义；②参考极性（方向）一旦指定，中途不得更改。

2.2 基尔霍夫定律

2.2.1 名词介绍

在学习电学基本理论基尔霍夫定律之前，必须首先学习以下几个基本概念。

（1）支路：电路中每条包含电源或负载的分支叫作支路。

（2）节点：电路中三条或三条以上支路的交汇点叫作节点。

（3）回路：由支路构成的闭合回路。

（4）网孔：内部不含支路的回路。

2.2.2 基尔霍夫电流定律

基尔霍夫电流定律（Kirchhoff's Current Law，KCL）的主要内容是：电路中任一个节点上，在任一时刻，流入节点的电流之和等于流出节点的电流之和。

当然，基尔霍夫电流定律也可以用数学概念进行解释。

（1）条件：集中参数电路（电路尺寸 $< \lambda/100$）节点。

（2）数学表达式：$\sum i_{入} = \sum i_{出}$。

对图 2-3 进行分析，可得：对②节点有 $i_1 = i_2 + i_3$，所以将 KCL 应用于节点时应首先指定 i 的参考方向。

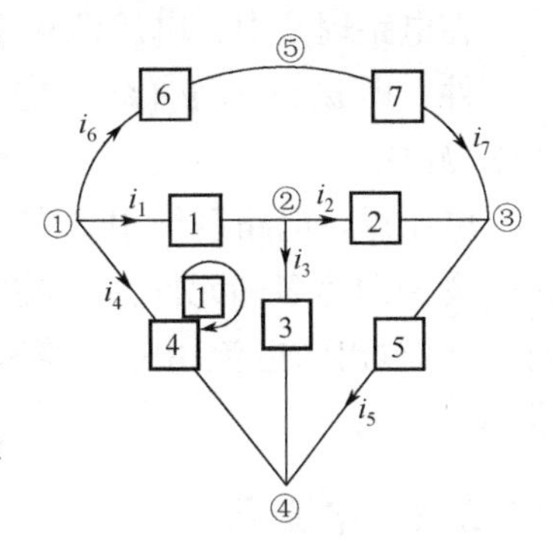

图 2-3　基尔霍夫电流定律

2.2.3　基尔霍夫电压定律

如果研究问题是电流，基尔霍夫电流定律无疑是最佳工具，但是在现实电路分析中，电流是不容易测量的，相反地，电压是容易获得的。所以，在此有必要对基尔霍夫电压定律（Kivchhoff's Voltage Law，KVL）进行介绍。

基尔霍夫电压定律主要内容是：在任何一个闭合回路中，各元件上的电压降的代数和等于电动势的代数和，即从一点出发绕回路一周回到该点时，各段电压的代数和恒等于零。

当然，基尔霍夫电压定律也可以用数学概念进行解释。

（1）条件（同 KCL）：回路。

（2）数学表达式：$\sum u_{降} = 0$。

（3）代数和。

在基尔霍夫电压定律具体的应用过程中，待分析回路的参考方向规定为：顺时针绕向或反时针绕向（自定）。

同样对图 2-3 进行分析，可得：$u_1 + u_3 - u_4 = 0$。特别需要注意的是将 KVL 应用于回路时，应首先指定 u_b 和回路的参考方向。

2.3　电路中的源

2.3.1　电压源

要维持电路的正常工作，电源是必不可少的。在初、高中阶段，电源所指的一般都是电池，然而，在大学阶段电路理论中所指的电源概念包含电压源和电流源。

电压源在电路中的符号表示如图 2-4 所示。

在电路理论中，电压源被定义为是具有二端口的有源元件，即 $u(t)=u_s(t)$，且当 $u(t)$ $u_s(t)$ 极性同时与 $i(t)$ 无关。

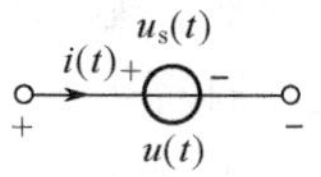

图 2-4　电压源符号

电压源在电路系统中具有特殊的属性：①为二端元件（受控源为多端元件）；②输出的电压与外电路无关 $u(t)=u_s(t)$（极性同时）；③输出的电流由外电路来确定，只能在电压源的某一端节点上由 KCL 求出。

2.3.2　电流源

在电路中与电压源功能相似的还有电流源（与电压源为对偶元件）。电压源为电路输出提供稳定的电压，而电流源则为电路提供稳定的电流。在电路中，电流源的符号可以表示如图 2-5 所示。

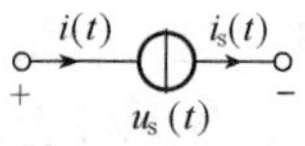

图 2-5　电流源符号

在电路理论中，电流源被定义为是具有二端口的有源元件，即 $i(t)=i_s(t)$ 与 $u(t)$ 无关。

电流源在电路系统中具有特殊的属性：①为二端元件；②输出电流与外电路无关，$i(t)=i_s(t)$ [$i(t)$，$i_s(t)$参考方向同时]；③输出的电压由外电路来确定，只能在电流源所在回路由 KVL 来求；④当 $i_s=0$ 时（电流源停止作用时，其电流要置零），此时电流源相当于断路，如图 2-6 所示。

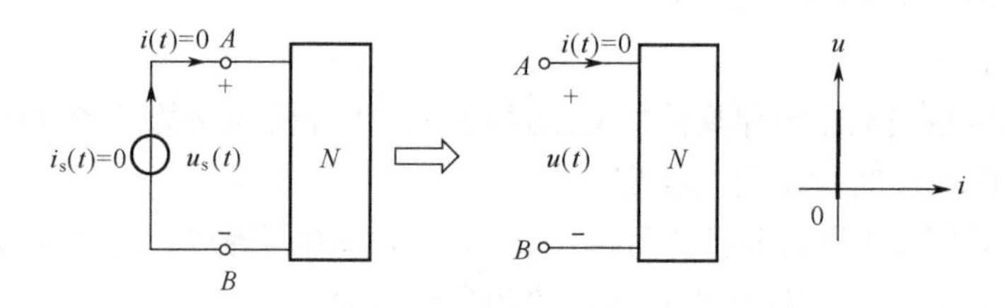

图 2-6　电流源等效示意图

2.4　电路分析方法

电路分析中，将最基本的支路网络方程法称作支路分析法。其特点是同时运用 KVL、KCL 和元件的 CVR 来列方程。

设电路有 n 个节点（不包括简单节点），b 条支路，则可以计算出独立的 KCL 方程数 $=n-1$；独立的 KVL 方程数 $=b-n+1$。根据方程数目和自变量对象的特征，还可以将支路分析法具体分为 $2b$ 法：支路电流法和支路电压法。

$2b$ 法就是以 b 个 u_b，b 个 i_b 为未知量，列 $2b$ 个独立方程求解的电路参数计算方法。一般地，若对 $n-1$ 个独立节点列 KCL 方程：$\sum i_b \geqslant 0$；若对 $b-n+1$ 个独立节点列 KVL 方程：$\sum u_b = 0$；若对 b 条支路列 VCR 方程：$u_b \geqslant f(i_b)$ 或 $i_b \geqslant f'(u_b)$。例如：图2-7 所示 $2b$ 法电路分析方法示意图。

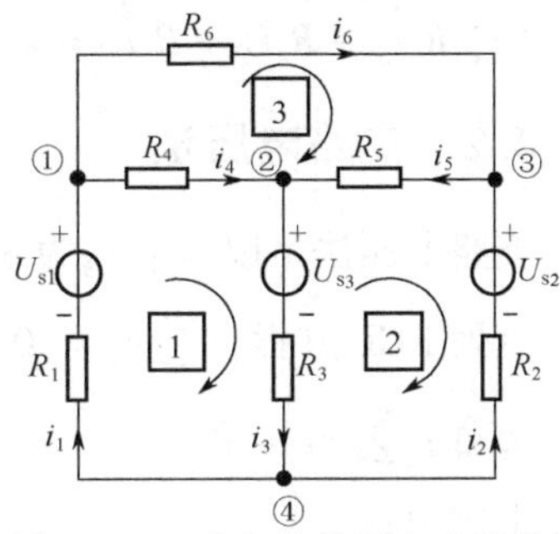

图 2-7　$2b$ 法电路分析方法示意图

$n=4$

$b=6$

所以，列 $n-1=3$（个）KCL 方程，$b-n+1=3$（个）KVL 方程。

$$\left.\begin{aligned}&(1)\quad -i_1+i_4+i_6=0\\&(2)\quad -i_4+i_3-i_5=0\\&(3)\quad -i_6+i_5-i_2=0\end{aligned}\right\} n-1=3\text{（个）KCL 方程}$$

$$\left.\begin{aligned}&(1)\quad u_1+u_4+u_3=0\\&(2)\quad -u_3-u_5-u_2=0\\&(3)\quad u_5-u_4+u_6=0\end{aligned}\right\} b-n+1=3\text{（个）KVL 方程}$$

$$\left.\begin{aligned}&b_1:\quad u_1=R_1i_1-u_{s1}\\&b_2:\quad u_2=R_2i_2-u_{s2}\\&b_3:\quad u_3=R_3i_3+u_{s3}\\&b_4:\quad u_4=R_4i_4\\&b_5:\quad u_5=R_5i_5\\&b_6:\quad u_6=R_6i_6\end{aligned}\right\} 6\text{ 个 VCR 方程}$$

2.4.1　支路电流法

如果在分析时存在 b 个 i_b 为未知量，则需要列写 b 个独立方程求解，其中需要对 $n-1$ 个独立节点列 KCL 方程（$\sum i_b = 0$）和 $b-n+1$ 个独立回路列写 KVL 方程［$\sum u_b = 0$ 代入 $u_b \geqslant f(i_b)$］。例如，在上例中：

$$\left.\begin{aligned}&(1)\quad -i_1+i_4+i_6=0\\&(2)\quad -i_4+i_3-i_5=0\\&(3)\quad -i_6+i_5-i_2=0\end{aligned}\right\} n-1=3\text{（个）KCL 方程}$$

(1) $(R_1 i_1 - u_{s1}) + R_4 i_4 + (R_3 i_3 + u_{s3}) = 0$

(2) $-(R_3 i_3 + u_{s3}) - R_5 i_5 - (R_2 i_2 - u_{s2}) = 0$

(3) $R_5 i_5 - R_4 i_4 + R_6 i_6 = 0$

2.4.2 支路电压法

支路电压法是以 b 个 u_b 为未知量，列 b 个独立方程求解。即对 $n-1$ 个独立节点列 KCL 方程：$\sum u_b = 0$ 代入 $i_b = f^{-1}(u_b)$；对 $b-n+1$ 个独立回路列 KVL 方程：$\sum u_b = 0$。

上例中：

$$\left.\begin{aligned} &(1)\ -\frac{u_1 + u_{s1}}{R_1} + \frac{u_4}{R_4} + \frac{u_6}{R_6} = 0 \\ &(2)\ -\frac{u_4}{R_4} + \frac{u_3 - u_{s3}}{R_3} - \frac{u_5}{R_5} = 0 \\ &(3)\ -\frac{u_6}{R_6} + \frac{u_5}{R_5} - \frac{u_2 + u_{s2}}{R_2} = 0 \end{aligned}\right\}$$

$$\left.\begin{aligned} &(1)\ u_1 + u_4 + u_3 = 0 \\ &(2)\ -u_3 - u_5 - u_2 = 0 \\ &(3)\ u_5 - u_4 + u_6 = 0 \end{aligned}\right\} b-n+1=3\text{（个）KVL 方程}$$

第 3 章

机电自动控制系统中的单片机基础

3.1 单片机编程基础

3.1.1 单片机开发软件环境搭建

单片机开发首要的两个软件：一个是编程软件；另一个是下载软件。编程软件工程上常用 Keil μ Vision4 的 51 版本，也叫作 Keil C51，接下来直接介绍其如何安装及其注意事项。

（1）首先准备 Keil μ Vision4 安装源文件，双击安装文件，弹出安装的欢迎界面，如图 3-1 所示。

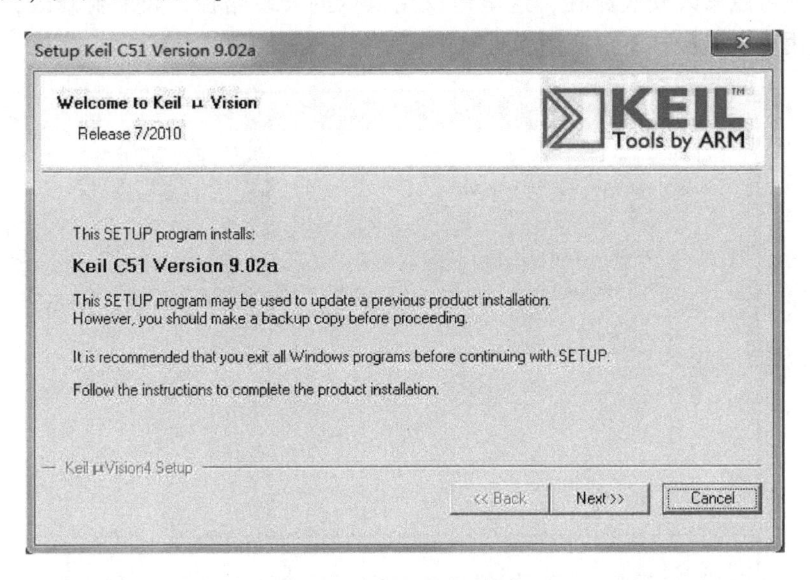

图 3-1　Keil 安装欢迎界面

(2) 单击 Next 按钮，弹出 License Agreement 对话框，如图 3-2 所示。这里显示的是安装许可协议，需要在“I agree to all the terms of the preceding License Agreement”前的方框中打钩。

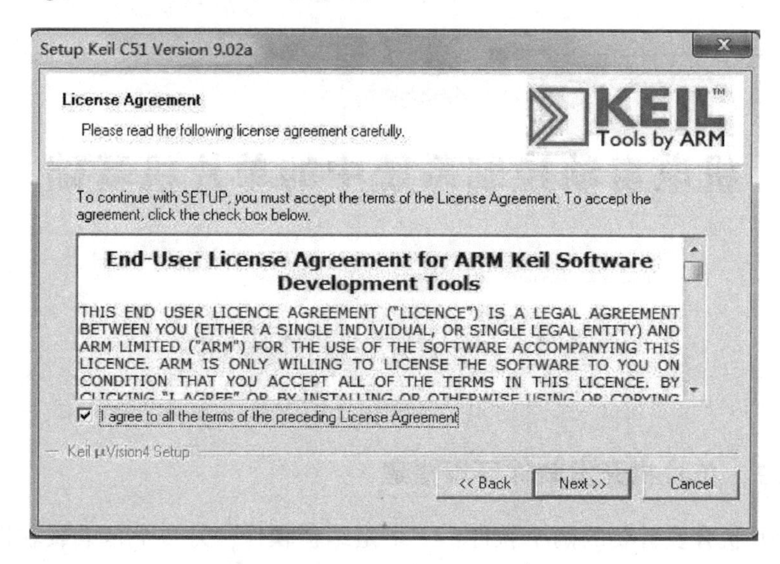

图 3-2 License Agreement 对话框

(3) 单击 Next 按钮，弹出 Folder Selection 对话框，如图 3-3 所示。这里可以设置安装路径，默认安装路径在“C:\Keil”文件夹下。单击 Browse... 按钮，可以修改安装路径，这里建议用默认的安装路径，如果要修改，也必须使用英文路径，不要使用包含有中文字符的路径。

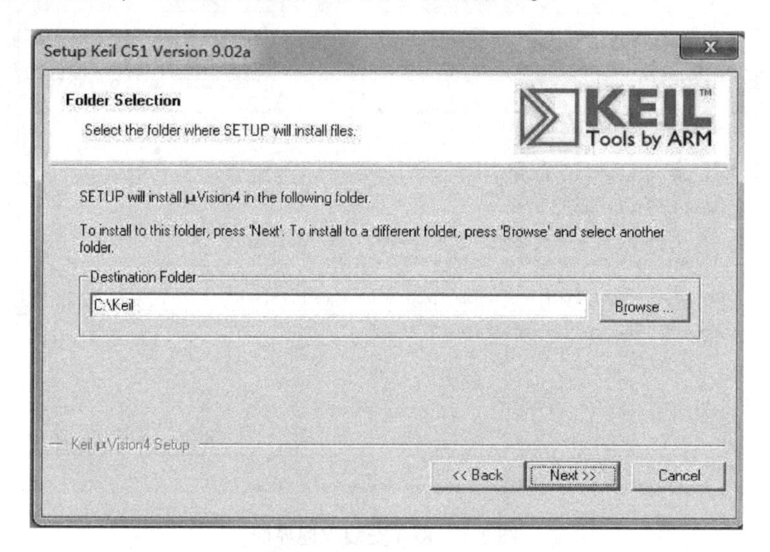

图 3-3 Folder Selection 对话框

（4）单击 Next 按钮，弹出 Customer Information 对话框，如图 3-4 所示。可以输入用户名、公司名称以及 E-mail 地址等。

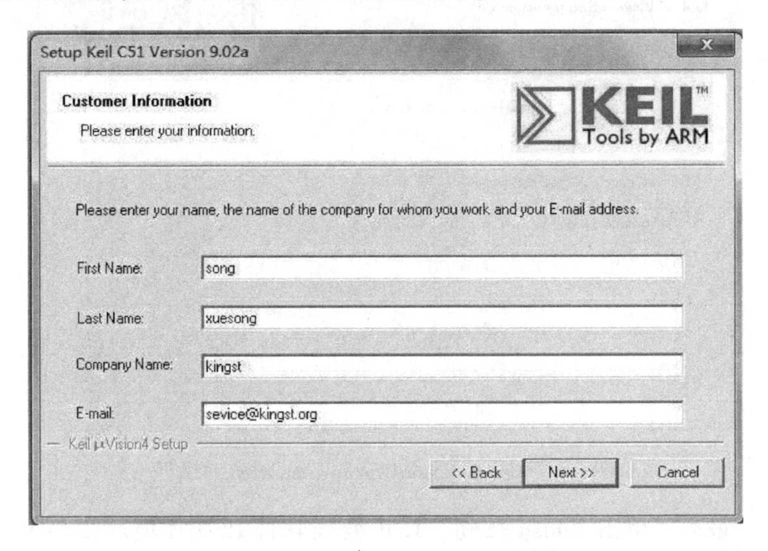

图 3-4　Customer Information 对话框

（5）单击 Next 按钮，会自动安装软件，如图 3-5 所示。

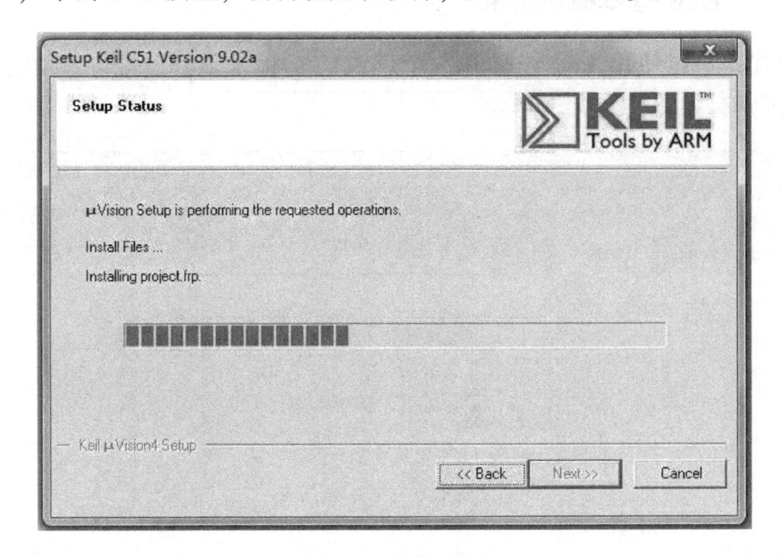

图 3-5　安装过程

（6）安装完成后，弹出 Keil µ Vision4 Setup completed 对话框，如图 3-6 所示，并且出现几个选项，第一个选项为是否展示当前版本说明书，第二个选项为是否设置配置文件，第三个选项为是否开启一个实例，所以在安装过程中可以将这几个选项前方框中的对号全部去掉，均不选择。

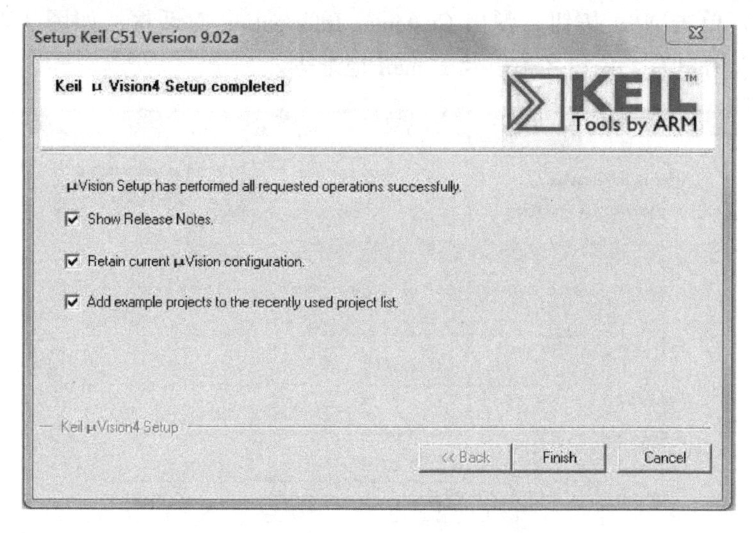

图 3-6 Keil µ Vision4 Setup completed 对话框

（7）最后，单击 Finish 按钮，Keil 编程软件开发环境就安装到了计算机中。

3.1.2 Keil 基本概况介绍

首先，可以使用 Keil 先打开一个现成的工程来认识一下 Keil 软件，如图 3-7所示。

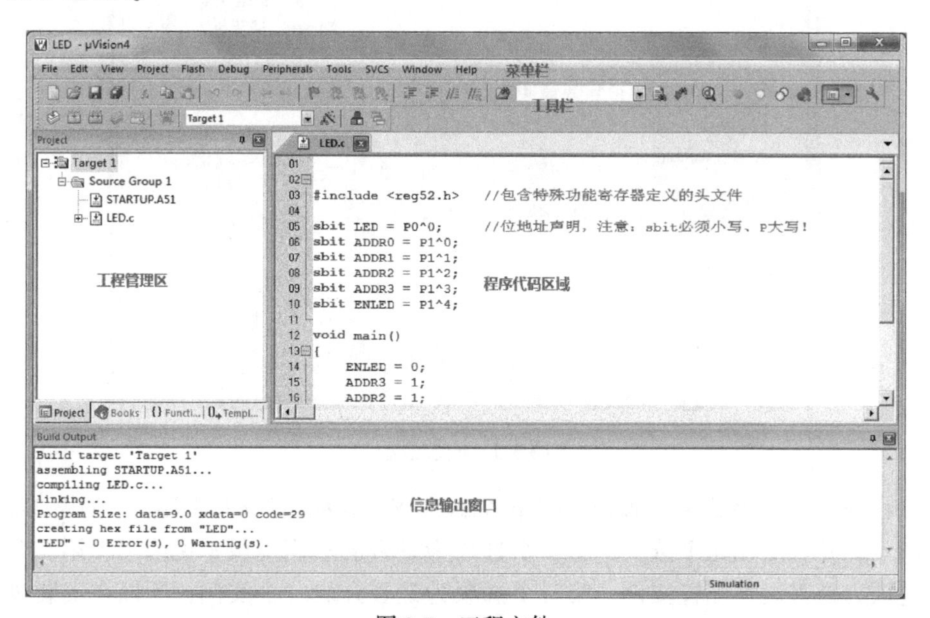

图 3-7 工程文件

从图 3-7 中可以很容易地分辨出菜单栏、工具栏、工程管理区、程序代码区域和信息输出窗口。

Keil 软件菜单栏和工具栏的具体细化功能都可以很方便地从帮助文件中查到，不需要记忆，随用随查即可。本节只介绍其中最常用的一个配置功能，就是关于 Keil 软件里边的字体大小和颜色设置。在菜单 Edit→Configuration→Colors & Fonts 里边，可以进行字体类型、颜色、大小的设置，如图 3-8所示。

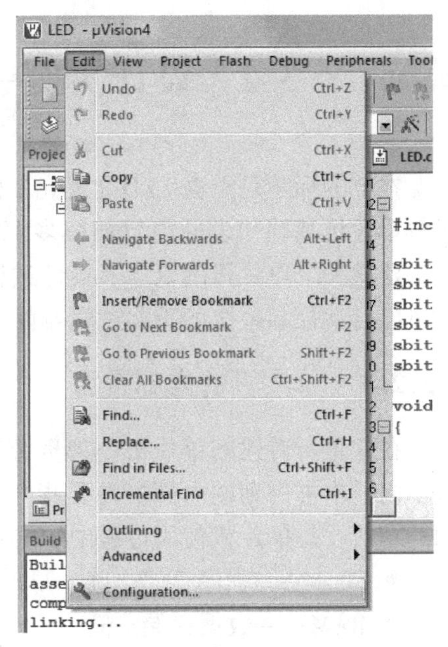

图 3-8　字体设置（一）

因为本书均使用 C 语言编程，所以在 Window 栏中选择 8051：Editor C Files，然后在右侧 Element 栏目里可以选择要修改的内容，一般日常设计中能够用到的只是其中几项。例如：Text——普通文本，Text Selection——选中的文本，Number——数字，/ * Comment * /——多行注释，//Comment——单行注释，Keyword——C 语言关键字，String——字符串，Keil 本身都有默认设置，可以直接使用默认设置，但如果你觉得不合你的审美需要，那就在这里更改一下，改完后直接单击 OK 按钮看效果就可以了，如图 3-9 所示。

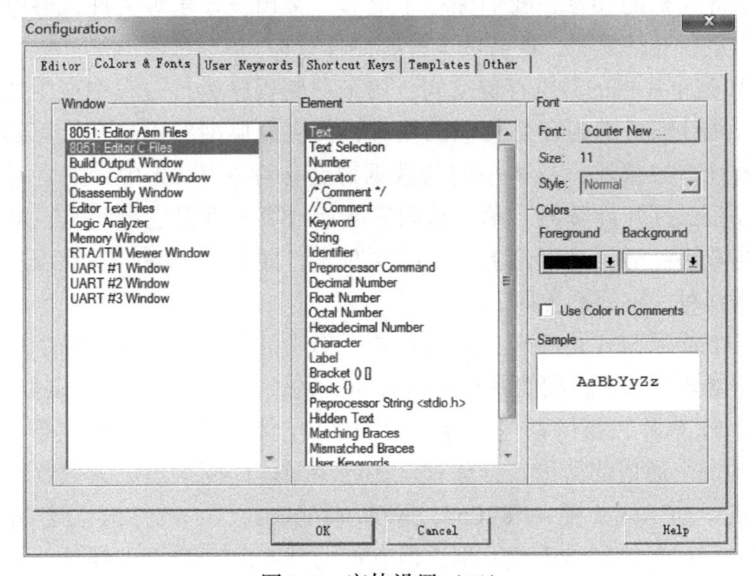

图 3-9　字体设置（二）

3.2 设计实例——点亮你的 LED

本节的标题是点亮 LED（发光二极管），虽然任务不困难，但是需要学生了解单片机基础知识的内容却很多，特别是对于初学者，一开始就需要在头脑中建立一个单片机的概念，设计过程中通过点亮一个 LED 小灯来增加学生对机电自动控制系统的重要逻辑器件——单片机产生浓厚的兴趣和自信。

3.2.1 单片机的内部资源

在这里所讲述的单片机内部资源和传统单片机书籍中讲的单片机内部结构不同，本书讲到的内部资源是指作为单片机用户，单片机提供给我们可使用的东西，是单片机使用过程中的核心。总结起来，主要是三大资源。

- Flash——程序存储空间，早期单片机是 OTPROM。
- RAM——数据存储空间。
- SFR——特殊功能寄存器。

在早期的单片机中，主要是用 OTPROM（One Time Programmable Read-Only Memory，一次可编程只读存储器）来存储单片机的程序，程序只能写入一次，如果发现错了，没办法，就只能换一片重新写入。随着技术的发展，Flash 以其可重复擦写且容量大、成本低的优点成为现在绝大多数单片机的程序存储器。对于单片机来说，Flash 最大的意义是断电后数据不丢失，这个概念类似于计算机的硬盘，我们保存了电影、文档、音乐等文件，将电源关掉后，下次重新开计算机，所有的文件都照样存在。

RAM 是单片机的数据存储空间，用来存储程序运行过程中产生的和需要的数据，跟计算机的内存是相似的概念，其实最典型的比喻是计算器，我们用计算器计算加减法，一些中间的数据都会保存在 RAM 中，关电后数据丢失，所以每次打开计算器，都是从归零开始计算。但是它的优点：第一是读写速度非常快；第二是理论上可无限次写入，即寿命无限，不管程序怎么运行、怎么读写，它都不会坏。

第三个资源 SFR 是特殊功能寄存器。单片机有很多功能，每个功能都会对应一个或多个 SFR，我们就是通过对 SFR 的读写来实现单片机多种功能的。

通常 51 单片机指的都是兼容 Intel MCS-51 体系架构的一系列单片机，而 51 是它的一个通俗的简称。全球有众多的半导体厂商推出了无数款这一系列的单片机，如 Atmel 的 AT89C52，NXP（Philips）的 P89V51，宏晶科技的 STC89C52……具体型号千差万别，但它们的基本原理和操作都是一样的，程序开发环境也是一样的。这里大家要分清楚 51 这个统称和具体的单片机型号之间的关系。

单片机内部资源的三个主要部分已经清楚了，那么本章将选择 STC89C52 这款单片机来进行学习与讲解。STC89C52 是宏晶科技出品的一款 51 内核的单片机，具有标准的 51 体系结构，全部的 51 标准功能，程序下载方式简单，方便学习，我们就用它来学习单片机。它的资源情况：Flash 程序空间是 8 KB（1 KB =1 024 字节，1 字节 =8 位），RAM 数据空间是 512 字节，SFR 本章后边会逐一提到并且应用。

3.2.2　单片机最小系统

单片机最小系统也叫作单片机最小应用系统，是指用最少的原件组成单片机可以工作的系统。单片机最小系统的三要素是电源、晶振和复位电路，如图 3-10 所示。

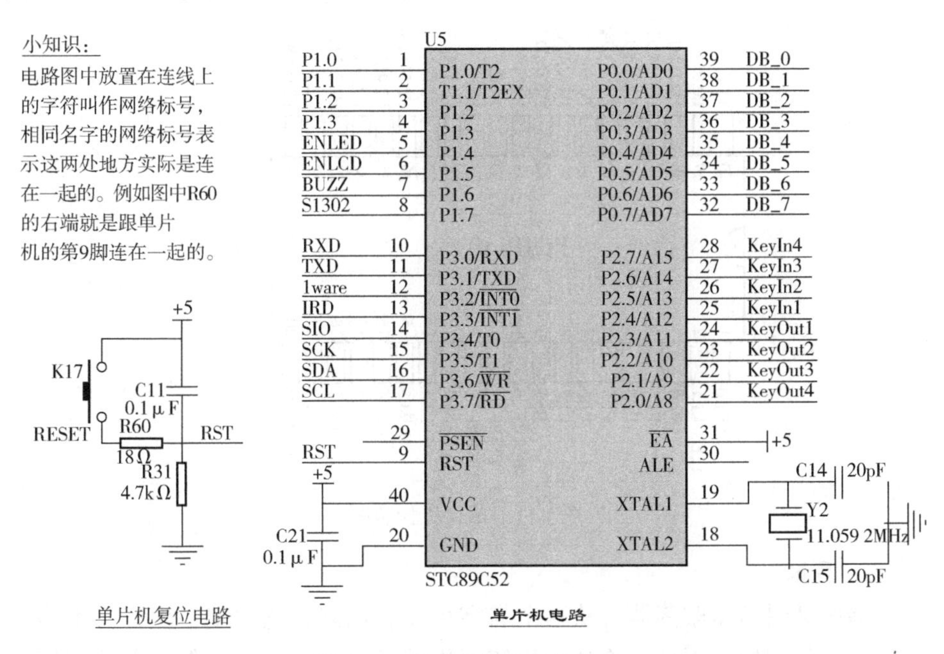

图 3-10　单片机最小系统电路

1. 电源

电源很好理解，电子设备都需要供电，就连家用电器（手电筒）也不例外。目前主流单片机的电源分为 5 V 和 3. 3 V 这两个标准，当然现在还有对电压要求更低的单片机系统，一般多用在一些特定场合，在学习中我们不做过多的关注。

本章所选用的STC89C52需要5 V的供电系统，大多数C51的开发板是使用USB口输出的5 V直流直接供电的。从图3-10中可以看到，供电电路在40脚和20脚的位置上，40脚接的是+5 V，通常也称VCC或VDD，代表的是电源正极，20脚接的是GND，代表的是电源负极。+5 V和GND之间还有个电容。

此处还要普及一个看原理图的知识。电路原理图是为了表达这个电路的工作原理而存在的，很多器件在绘制的时候考虑更多的是方便原理分析，而不是表达各个器件实际位置。例如，原理图中的单片机引脚图，引脚的位置是可以随意放的，但是每个引脚上有一个数字标号，这个数字标号代表的才是单片机真正的引脚位置。一般情况下，双列直插封装的芯片左上角是1脚，逆时针旋转引脚号依次增加，一直到右上角是最大脚位，目前选用的单片机一共是40个引脚，因此右上角就是40（在表示芯片的方框的内部），如图3-11所示，大家要分清原理图引脚标号和实际引脚位置的区别。

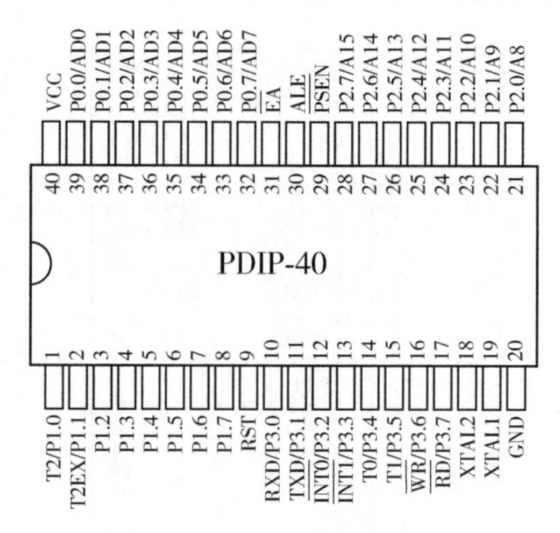

图3-11　单片机封装图

2. 晶振

晶振又叫晶体振荡器，从这个名字可以看出来，它注定一生都要不停地振荡。它起到的作用是为单片机系统提供基准时钟信号，类似于部队训练时喊口令的人，单片机内部所有的工作都是以这个时钟信号为步调基准工作的。STC89C52单片机的18脚和19脚是晶振引脚，接入一个11.059 2 MHz的晶振（它每秒钟振荡11 059 200次），外加两个20 pF的电容，电容的作用是帮助晶振起振，并维持振荡信号的稳定。

3. 复位电路

在图3-10左侧是一个复位电路，接到了单片机的9脚RST（Reset）复位引脚上，这个复位电路如何起作用下一节再详细讨论，本节着重讲述复位对单片机的作用。单片机复位一般有三种情况：上电复位、手动复位和程序自动复位。假如我们的单片机程序有 100 行，当某一次运行到第 50 行的时候，突然停电了，这个时候单片机内部有的区域数据会丢失掉，有的区域数据可能还没丢失。那么下次打开设备的时候，我们希望单片机能正常运行，所以上电后，单片机要进行一个内部的初始化过程，这个过程就可以理解为上电复位，上电复位保证单片机每次都从一个固定的、相同的状态开始工作。这个过程跟我们打开计算机电源来开计算机的过程是一致的。

当程序运行时，如果遭受到意外干扰而导致程序死机，或者程序跑飞的时候，可以按下一个复位按键，让程序重新初始化，重新运行，这个过程就叫作手动复位，最典型的就是计算机的重启按钮。

当程序死机或者跑飞的时候，单片机往往有一套自动复位机制，如“看门狗”，具体应用以后再了解。在这种情况下，如果程序长时间失去响应，那么单片机“看门狗”模块会自动复位重启单片机。还有一些情况是程序故意重启复位单片机。

电源、晶振和复位构成了单片机最小系统的三要素，也就是说，一个单片机具备了这三个条件，就可以运行下载的程序了，其他的如 LED 小灯、数码管、液晶等设备都是属于单片机的外部设备，即外设。最终完成我们想要的功能就是通过对单片机编程来控制各种各样的外设实现的。

3.2.3　LED 小灯

LED（light-emitting diode）即发光二极管，俗称 LED 小灯，它的种类很多，参数也不尽相同。这种二极管通常的正向导通电压是 1.8 ~ 2.2 V，工作电流一般是 1 ~ 20 mA。其中，当电流在 1 ~ 5 mA 之间变化时，随着通过 LED 的电流越来越大，我们的肉眼会明显感觉到这个小灯越来越亮，而当电流在 5 ~ 20 mA 之间变化时，能够看到发光二极管的亮度变化就不是太明显了。当电流超过 20 mA 时，LED 就会有烧坏的危险，电流越大，烧坏得也就越快。所以在使用过程中应该特别注意它在电流参数上的设计要求。下面看一下这个发光二极管在开发板上的设计应用。

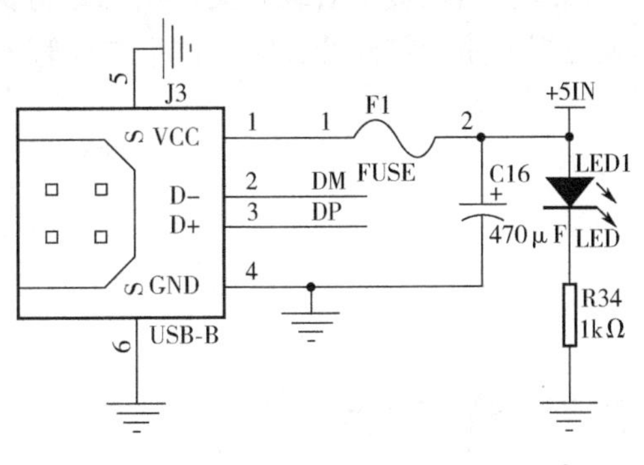

图 3-12　USB 接口电路

图 3-12 所示为一般连接的

USB 接口电路，通过 USB 线，计算机给开发板供电和下载程序以及实现计算机与开发板之间的通信。从图上可以看出，USB 座共有 6 个接口，其中 2 脚和 3 脚是数据通信引脚，1 脚和4 脚是电源引脚，1 脚是 VCC 正电源，4 脚是 GND 即地线，5 脚和 6 脚是外壳，直接接到 GND 上，大家可以观察一下开发板上的这个 USB 座的 6 个引脚。

现在主要来看 1 脚 VCC 和 4 脚 GND。1 脚通过 F1（自恢复保险丝）接到右侧，在正常工作的情况下，保险丝可以直接看成导线，因此左右两边都是 USB 电源 +5 V，自恢复保险丝的作用是，当后级电路哪个地方有发生短路的时候，保险丝就会自动切断电路，保护开发板以及计算机的 USB 口，当电路正常后，保险丝会恢复畅通，正常工作。

右侧有 2 条支路，第一条支路是在 +5 V 和 GND 接了一个 470 μF 的电容，电容是隔离直流的，所以这条支路是没有电流的。这里主要观察第二条支路，如图 3-13 所示。

发光二极管是二极管中的一种，因此和普通二极管一样，这个二极管也有阴极和阳极，习惯上也称负极和正极。原理图里的 LED 画成这样方便在电路上观察，方向必须接对了才会有电流通过，让 LED 小灯发光。刚才提到了开发板接入的 VCC 电压是 5 V，发光二极管自身压降约是 2 V，那么在右边 R34 这个电阻上承受的电压就是 3 V。现在要求电流范围是 1 ~ 20 mA，就可以根据欧姆定律 $R = U/I$ 将这个电阻的上限和下限值求出来。

当 U =3 V，电流是 1 mA 的时候，电阻值是 3 kΩ；当电流是 20 mA 的时候，电阻值是 150 Ω，也就是 R34 的取值范围是 150 ~ 3 000 Ω。这个电阻值大小的变化直接可以限制整条通路的电流的大小，因此这个电阻通常称为“限流电阻”。在图 3-13 中用的电阻是 1 kΩ，这条支路电流的大小可以轻松地计算出来，而这个发光二极管在这里的作用是作为电源指示灯的，使用 USB 线将开发板和计算机连起来，这个小灯就会亮。

同理，当在板子后级开关控制的地方又添加一个 LED10 发光二极管，作用就是当使用者打开开关时，这个二极管才会亮起，如图 3-14 所示。

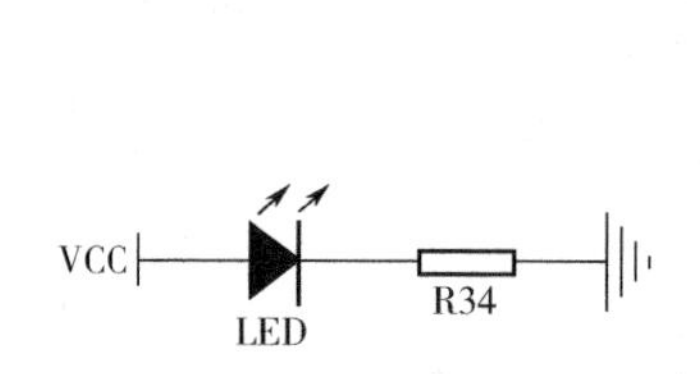

图 3-13　LED 小灯电路（一）

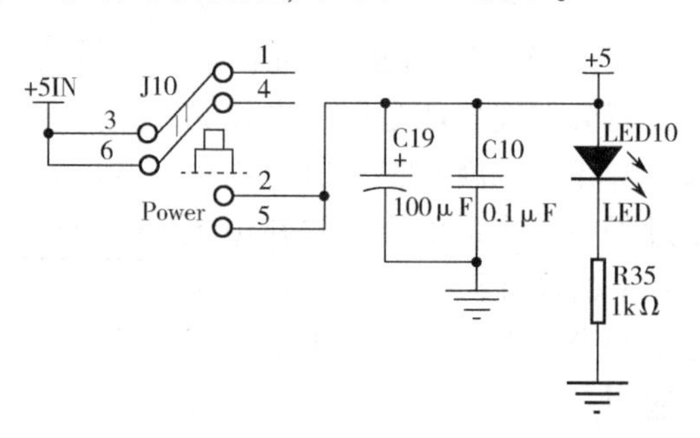

图 3-14　USB 供电电路

请注意这里的开关虽然只有一个，但是是 2 路的，2 路开关并联能更好地确保给后级提供更大的电流。电容 C19 和 C10 都是隔离断开直流的。此处将图 3-14 进行一下变化，把右侧的 GND 去掉，改成一个单片机的 I/O 口，如图 3-15所示。

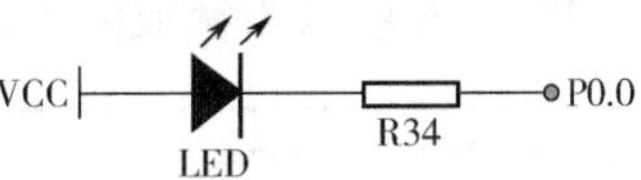

图 3-15　LED 小灯电路（二）

图 3-14 由于电源从正极到负极有电压差，并且电路是导通的，所以就会有电流通过，LED 小灯因为有了电流通过，所以就会直接发光。如果将右侧的原 GND 处接到单片机 P0. 0 引脚上，那么单片机输出一个低电平，也就是跟 GND 一样的 0 V 电压，就可以让 LED 小灯和图 3-14 一样发光了。

因为单片机是可以编程控制的，可以让 P0. 0 这个引脚输出一个高电平，就是跟 VCC 一样的 5 V 电压，那么这个时候，左侧 VCC 电压和右侧 P0. 0 的电压是一致的，那么就没有电压差，没有电压差就不会产生电流，没有电流 LED 小灯就不会亮，也就是会处于熄灭状态。下面，我们就用编程软件来实现控制小灯的亮和灭。

3. 2. 4　程序代码编写

1. 特殊功能寄存器和位定义

工程中主要是用 C 语言来对单片机进行编程，而有的单片机有那么几条很特殊的独有的编程语句，如 51 单片机，先介绍其中最重要的两条。

第一条语句是：sfr　P0 = 0x80;

sfr 这个关键字是 51 单片机特有的，它的作用是定义一个单片机特殊功能寄存器（special function register）。51 单片机内部有很多个小模块，每个小模块都居住在拥有唯一房间号的房间内，同时每个模块都有 8 个控制开关。P0 就是一个功能模块，就住在了 0x80 这个房间里，我们就是通过设置 P0 内部这个模块的 8 个开关，来让单片机的 P0 这 8 个 I/O 口输出高电平或者低电平的。而 51 单片机内部有很多寄存器，如果我们想使用，就必须提前进行 sfr 声明。不过 Keil 软件已经将所有这些声明都预先写好并保存到一个专门的文件中去了，如果要用，只要在文件开头添加一行#include < reg52. h > 即可，这个在后边有用法详解。

第二条语句是：sbit　LED = P0^0;

这个 sbit 就是对刚才所说的 SFR 里边的 8 个开关其中的一个进行定义。经过上边第二条语句后，以后只要在程序里写 LED，就代表了 P0. 0 口，注意这个 P 必须大写，也就是说我们给 P0. 0 又取了一个更形象的名字叫作 LED。

了解了这两个语句后，大概看一下单片机的特殊功能寄存器。请注意，每个型号的单片机都会配有生产厂商所编写的数据手册（datasheet），所以我们来看一下STC89C52的数据手册，21～24页全部是对特殊功能寄存器的介绍以及地址映射列表。在使用这个寄存器之前，必须对这个寄存器的地址进行说明。

图3-16所示为截取的手册中第22页最下边的一个表格。

Mnemonic	Add	Name	7	6	5	4	3	2	1	0	Reset Value
P0	80h	8-bit Port 0	P0.7	P0.6	P0.5	P0.4	P0.3	P0.2	P0.1	P0.0	1111，1111
P1	90h	8-bit Port 0	P1.7	P1.6	P1.5	P1.4	P1.3	P1.2	P1.1	P1.0	1111，1111
P2	A0h	8-bit Port 2	P2.7	P2.6	P2.5	P2.4	P2.3	P2.2	P2.1	P2.0	1111，1111
P3	B0h	8-bit Port 3	P3.7	P3.6	P3.5	P3.4	P3.3	P3.2	P3.1	P3.0	1111，1111
P4	E8h	4-bit Port 4	—	—	—	—	P4.3	P4.2	P4.1	P4.0	××××，1111

图3-16　I/O口特殊功能寄存器

我们来看一下这个表格，其中P4口STC89C52对标准51的扩展，先忽略它，只看前边的P0～P3这4个口，每个P口本身又有8个控制端口，那么这样就确定了单片机一共有32个I/O（Input和Output，分别是输入和输出）口。

其中P0口所在的地址是0×80，一共有从7到0这8个I/O口控制位，后边有个Reset Value（复位值），这个很重要，是寄存器的一个重要参数，8个控制位复位值全部都是1。这就是告诉使用者每当单片机上电复位的时候，所有引脚的值默认都是1，即高电平，在设计电路的时候也要充分地考虑这个问题。

2. 新建一个工程

对于单片机程序来说，每个功能程序都必须有一个配套的工程（Project），即使是点亮LED这样简单的功能程序也不例外，因此我们首先要新建一个工程，打开Keil软件后，单击Project→New μVision Project命令，会出现一个新建工程的界面，如图3-17所示。

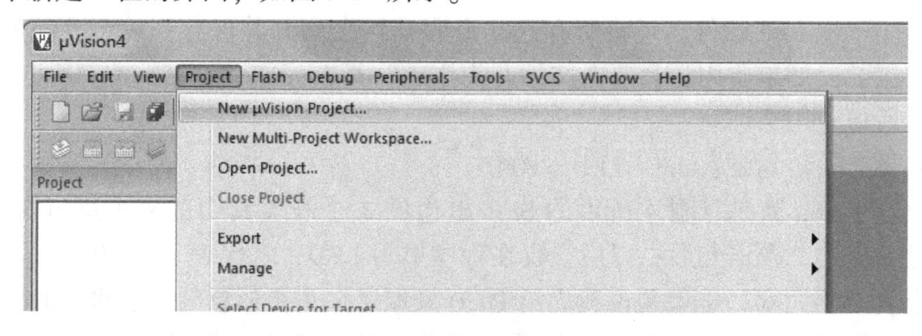

图3-17　新建一个工程

给本工程起一个名字叫作 LED，软件会自动添加扩展名 . uvproj，如图 3-18所示。

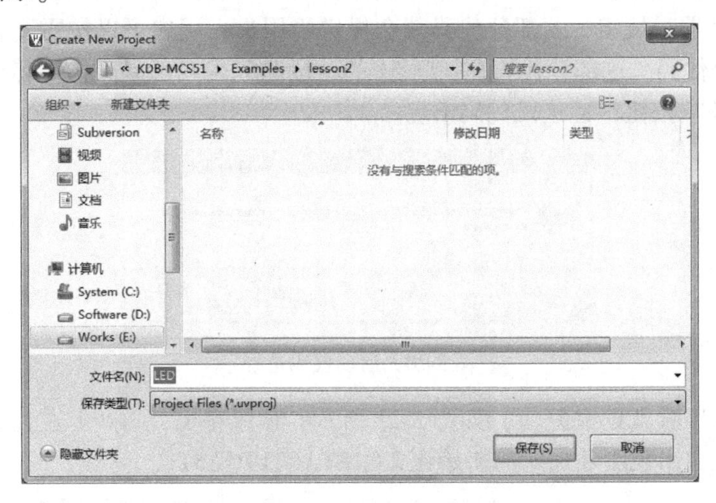

图 3-18　保存工程

直接单击“保存”按钮，工程会自动保存成 LED. uvproj 文件，下次要打开 LED 这个工程时，可以直接找到文件夹，双击这个 . uvproj 文件就可以直接打开整个工程环境和文件。保存之后会弹出一个对话框，这个对话框可以选择单片机型号。因为 Keil 软件是外国人开发的，所以我们国内的 STC89C52 并没有上榜，但是只要选择同类型号就可以了。因为 51 内核是由 Intel 公司创造的，所以这里直接选择 Intel 公司名下的 80/87C52 来代替，这个选项的选择对于后边的编程没有任何的不良影响，如图 3-19 所示。

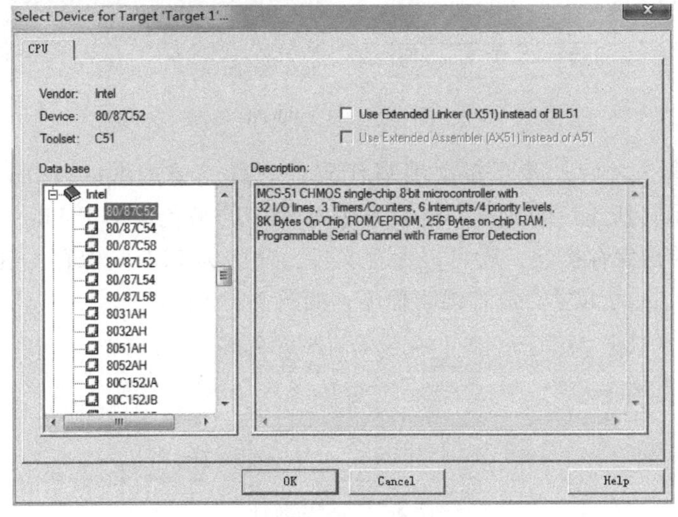

图 3-19　单片机型号选择

单击 OK 按钮之后，会弹出一个对话框，如图 3-20 所示，每个工程都需要一段启动代码，如果单击“否”按钮，编译器就会自动处理这个问题，如果单击“是”按钮，这部分代码就会提供给用户，用户可以按需要自己去处理这部分代码，这部分代码在初学 51 的这段时间内一般是不需要修改，因此单击“是”按钮，让这段代码出现。

图 3-20　启动代码选择

这样工程就建立好了，如图 3-21 所示，如果单击 Target 1 左边方框内的加号，就会出现刚才加入的初始化文件 STARTUP. A51。

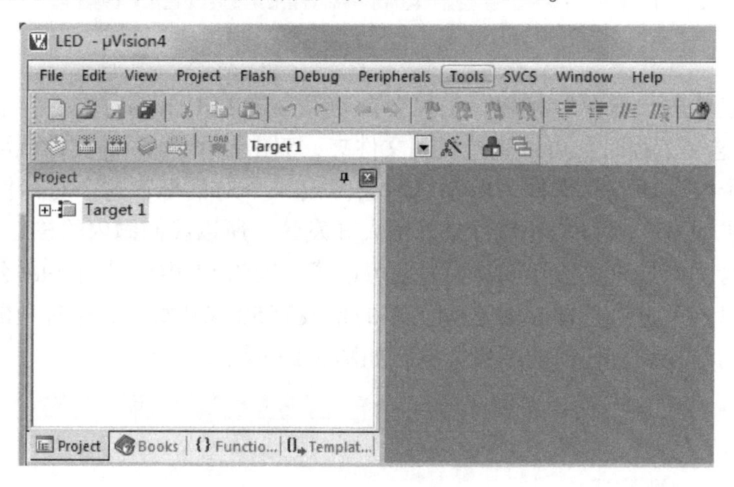

图 3-21　工程文件

工程建立之后，需要建立编写代码的文件，单击 File→New 命令，如图 3-22所示，新建一个文件，也就是编写程序的平台。单击 File→Save 命令或者直接单击保存按钮，就可以保存文件，命名为 LED. c 保存，这个地方必须加上 . c，因为编写的是 C 语言程序，如图 3-23 所示。

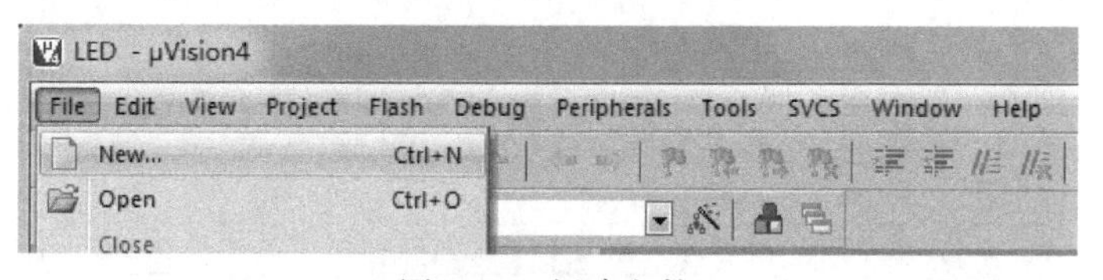

图 3-22　新建文件

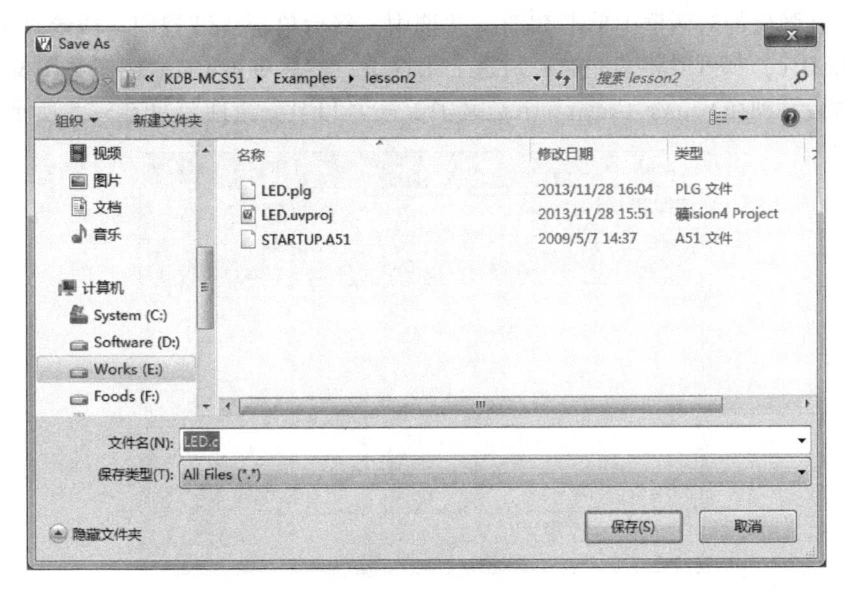

图 3-23　保存文件

现在就可以输入程序代码了，在编写之前还有工作要做。每做一个功能程序必须新建一个工程，一个工程代表了单片机要实现的一个功能。但是一个工程有时候可以将程序分多个文件写，所以每写一个文件都要添加到所建立的工程中去。右击 Source Group 1，再选择 Add Files to Group ‘Source Group 1’ 选项，如图 3-24 所示。

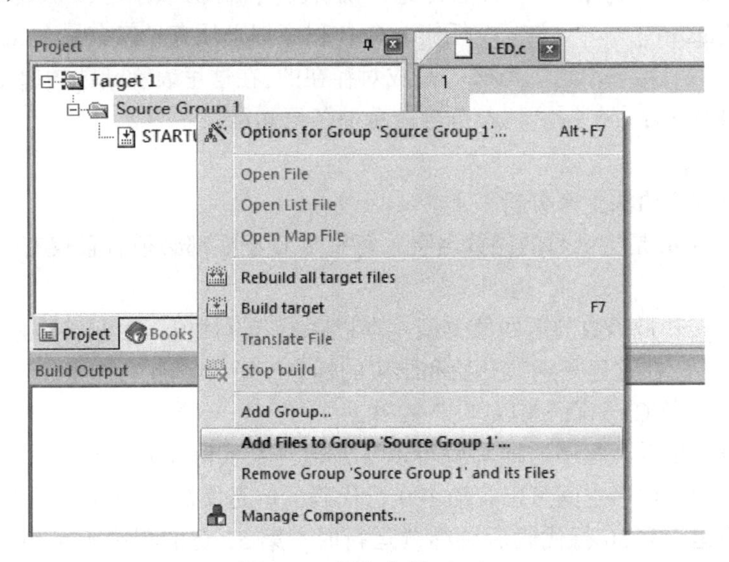

图 3-24　添加文件（一）

在弹出的对话框中单击 LED. c 并选中，然后单击 Add 按钮，或者直接双击 LED. c，都可以将文件加入到这个工程下，然后单击 Close 按钮关闭文件。这时会看到在 Source Group 1 下边又多了一个 LED. c 文件，如图 3-25 所示。

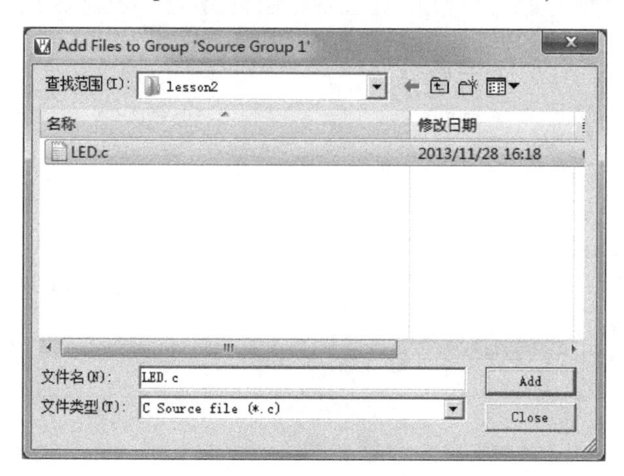

图 3-25　添加文件（二）

3. 编写点亮小灯的程序

编程环境准备工作配置完成后，就要编写程序代码了。如果学过 C 语言，可以很轻松地跟着例子自己写出来，尤其标点符号不可以搞错。

```
#include <reg52.h>      //包含特殊功能寄存器定义的头文件
sbit LED = P0^0;        //位地址声明,注意:sbit 必须小写、P 大写!
void main()             //任何一个 C 程序都必须有且仅有一个 main 函数
{                       //{}是成对存在的,在这里表示函数的起始和结束
  LED = 0;              //分号表示一条语句结束
}
```

先从程序语法上来分析一下。

（1）main 是主函数的函数名字，每一个 C 程序都必须有且仅有一个 main 函数。

（2）void 是函数的返回值类型，本程序没有返回值，用 void 表示。

（3）{} 在这里是函数开始和结束的标志，不可省略。

（4）每条 C 语言语句以“;”结束。

逻辑上来看，程序这样写就可以了，但是在实际单片机应用中存在一个问题。例如，程序空间可以容纳 100 行代码，但是实际上的程序只用了 50 行代码，当运行完 50 行代码后再继续运行时，第 51 行的程序不是想运行的程序，而是不确定的未知内容，一旦执行下去程序就会出错，从而可能导致单片机自动复位，所以通常在程序中加入一个死循环，让程序停留在希望的这

个状态下。有以下两种写法可以参考：

参考程序一：	参考程序二：

#include < reg52. h >
sbit LED = P0^0;
void main( )
{
　while(1)
　　{
　　　LED =0;
　　}
}
	#include < reg52. h >
	sbit LED = P0^0;
	void main( )
	{
	　LED =0;
	　　while(1);
	}

程序一的功能是程序在反复不断地无限次执行 LED =0；这条语句，而程序二的功能是执行一次，然后程序直接停留下来等待，相对程序一来说程序二更加简洁一些。针对于图 3-14，这个程序能够将小灯点亮。这里就要培养一个意识了，给单片机编程实际上是硬件底层驱动程序开发，这种程序的开发是离不开电路图的，必须根据电路图来进行程序的编写。如果设计电路板的电路图和图 3-14 相同，程序可以成功点亮小灯，但是如果不一样，就可能点不亮。

程序编好后则要进行编译，生成需要的可以下载到单片机里的文件，在编译之前，首先要勾选一个选项，单击 Project→Options for Target 'Target 1'... 命令，或者直接单击图 3-26 中方框内的快捷图标，创建 HEX 文件，如图 3-27 所示。

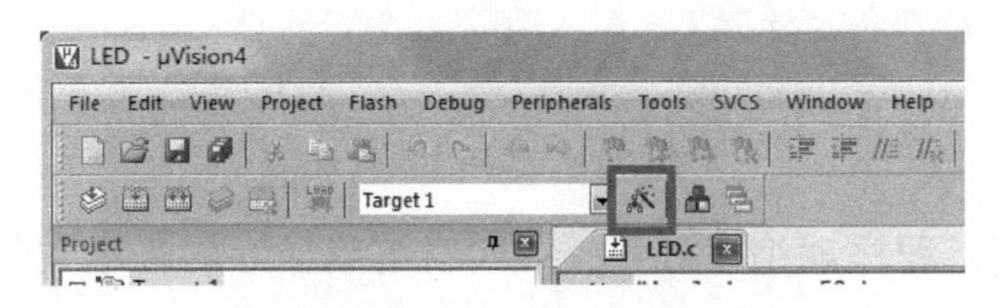

图 3-26　工程选项图标

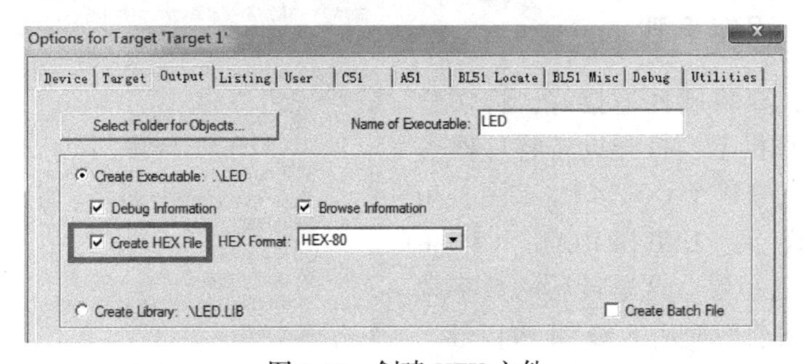

图 3-27　创建 HEX 文件

设置好以后，单击 Project→Rebuild all target files 命令，或者单击图 3-28 中方框内的快捷图标，就可以对程序进行编译了。

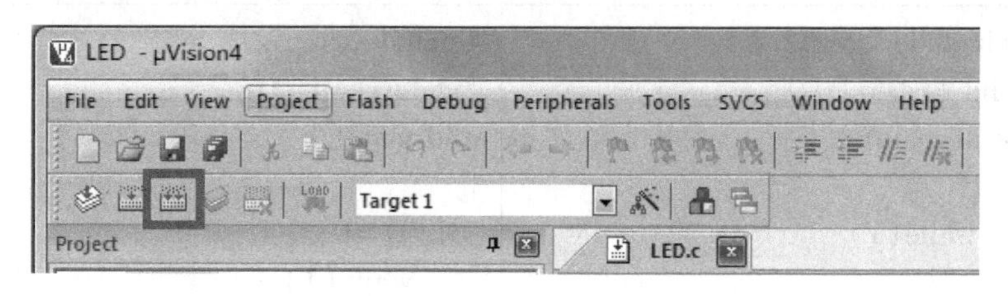

图 3-28 编译程序

编译完成后，在 Keil 下方的 Output 窗口会出现相应的提示，如图 3-29 所示，这显示编译完成后的情况，data = 9. 0，指的是程序使用了单片机内部的 256 字节 RAM 资源中的 9 个字节，code = 29 的意思是使用了 8 K 代码 Flash 资源中的 29 个字节。当提示"0 Error (s), 0 Warning (s)"表示程序没有错误和警告，就会出现"creating hex file from 'LED'..."，意思是从当前工程生成了一个 HEX 文件，要下载到单片机上的就是这个 HEX 文件。如果出现有错误和警告提示，就是 Error 和 Warning 不是 0，要对程序进行检查，找出问题，解决好后再进行编译产生 HEX 才可以。

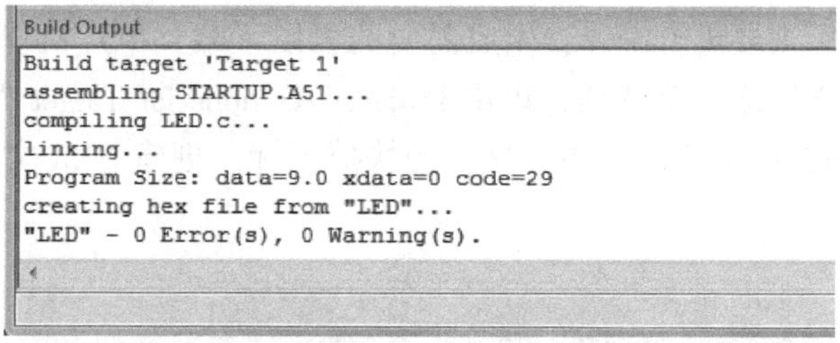

```
Build Output
Build target 'Target 1'
assembling STARTUP.A51...
compiling LED.c...
linking...
Program Size: data=9.0 xdata=0 code=29
creating hex file from "LED"...
"LED" - 0 Error(s), 0 Warning(s).
```

图 3-29 编译输出信息

到此为止，程序就编译好了，下面要把编译好的程序文件下载到单片机里。

3.2.5 程序下载

首先，要将硬件连接好，将实验板插到计算机上，打开设备管理器查看所使用的是哪个 COM 口，如图 3-30 所示，找到 USB-SERIAL CH340（COM5）这一项，这里最后的数字就是开发板目前所使用的 COM 端口号。

设备管理器
文件(F) 操作(A) 查看(V) 帮助(H)
cuics
DVD/CD-ROM 驱动器
IDE ATA/ATAPI 控制器
Jungo
Lenovo Service Engine
处理器
磁盘驱动器
端口 (COM 和 LPT)
USB-SERIAL CH340 (COM5)
计算机

图 3-30 查看 COM 口

然后，STC 系列单片的下载软

件——STC-ISP，如图 3-31 所示。

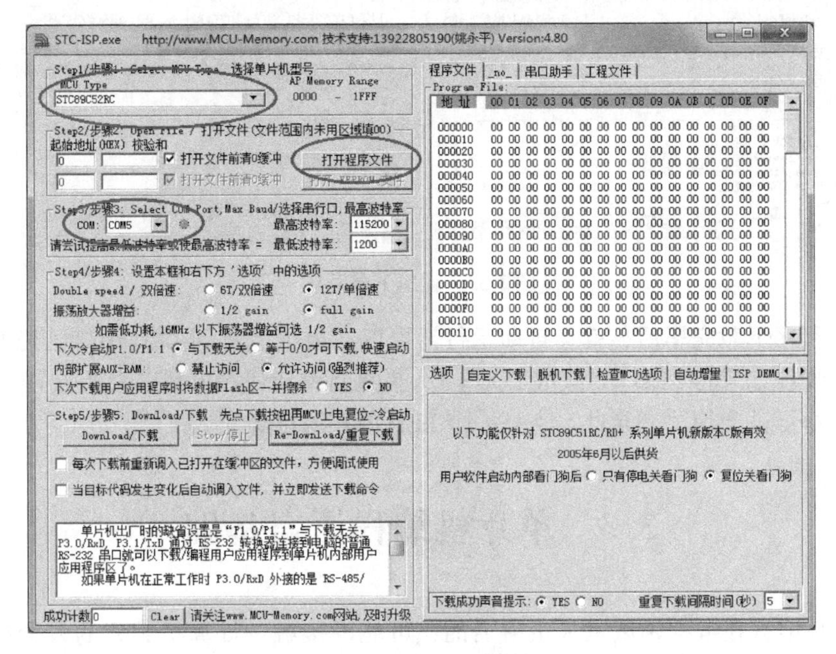

图 3-31　程序下载设置

下载软件列出了 5 个步骤：第一步，选择单片机型号，目前使用的单片机型号是 STC89C52RC，这个一定不能选错了；第二步，单击“打开程序文件”按钮，找到刚才建立工程的 LED 文件夹，找到 LED. hex 这个文件，单击“打开”按钮；第三步，选择刚才查到的 COM 口，波特率使用默认的就行；第四步，这里的所有选项都使用默认设置，不要随便更改，有的选项改错了以后可能会产生麻烦；第五步，因为 STC 单片机要冷启动下载，就是先单击下载，然后再给单片机上电，所以需先关闭板子上的电源开关，然后单击“Download/下载”按钮，等待软件提示请上电，如图 3-32 所示，然后按下板子的电源开关，就可以将程序下载到单片机中了。当软件显示“已加密”表示程序下载成功，如图 3-33 所示。

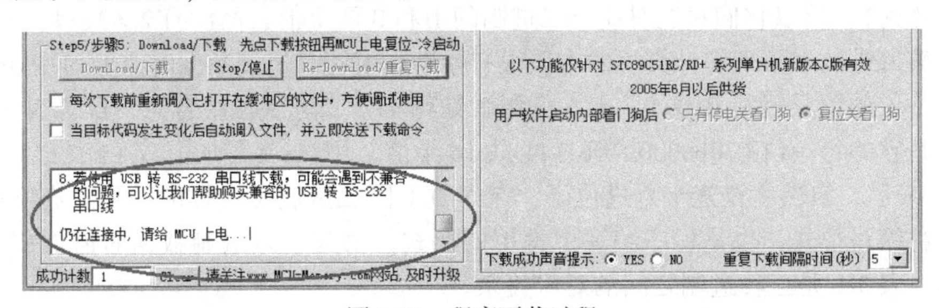

图 3-32　程序下载过程

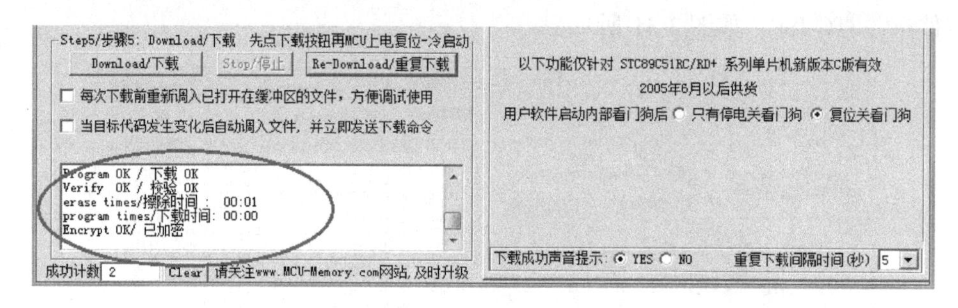

图 3-33　程序下载完毕

程序下载完毕后，就会自动运行，可以在板子上看到 LED 小灯已经发光了。现在如果将 LED = 0 改成 LED = 1，再重新编译程序下载进去新的 HEX 文件，小灯就会熄灭。至此，点亮一个 LED 的实验已经完成。

3.3　单片机编程语言基础

C 语言在编程领域是久负盛名的，可能没接触过计算机编程的人会把它看得很神秘，感觉非常难。其实并非如此，C 语言的逻辑和运算还是比较简单的，本书尽可能从中以数学逻辑方式带着大家学习 C 语言。

3.3.1　二进制、十进制和十六进制

进制看似很简单的东西，但很多同学不能彻底理解。这里先简单介绍一些注意事项，然后还是从实验中讲解会比较深刻。

十进制就不多说了，逢十进位，一个位有 10 个值：0 ~ 9，生活中到处都是它的身影。二进制就是逢二进位，它的一个位只有两个值：0 和 1，但它却是实现计算机系统的最基本的理论基础，计算机（包括单片机）芯片是基于成万上亿个的开关管组合而成的，它们每一个都只能有开和关两种状态，很难找出第三种状态了（不要辩解半开半关这种状态，它是不稳定态，是极力避免的），所以它们只能对应于二进制的 1 和 0 两个值，而没有 2、3、4、…，理解二进制对于理解计算机的本质很有帮助。书写二进制数据时需加前缀 0b，每一位的值只能是 0 或 1。十六进制就是将 4 个二进制位组合为一位来表示，于是它的每一位有 0b0000 ~ 0b1111 共 16 个值，用 0 ~ 9 再加上 A ~ F（或 a ~ f）表示，自然就是逢十六进位了，在本质上同二进制是一样的，是二进制的一种缩写形式，也是程序编写中常用的形式。书写十六进制数据时需加前缀 0x，表 3-1 是三种进制之间的对应关系。

表 3-1　进制转换

十进制	二进制	十六进制
0	0b0	0x00
1	0b1	0x01
2	0b10	0x02
3	0b11	0x03
4	0b100	0x04
……	……	……
9	0b1001	0x09
10	0b1010	0x0A
11	0b1011	0x0B
12	0b1100	0x0C
13	0b1101	0x0D
14	0b1110	0x0E
15	0b1111	0x0F
16	0b10000	0x10
17	0b10001	0x11
……	……	……

对于二进制来说，8 位二进制称为一个字节，二进制的表达范围值是从 0b00000000 ~ 0b11111111，而在程序中用十六进制表示的时候就是从 0x00 到 0xFF，这里教大家一个二进制转换十进制和十六进制的方法，二进制 4 位一组，遵循 8/4/2/1 的规律，如 0b1010，那么从最高位开始算，数字大小是 $8\times1+4\times0+2\times1+1\times0=10$，那么十进制就是 10，十六进制就是 0xA。尤其二进制转十六进制的时候，十六进制一位刚好是和二进制的 4 位相对应的，这些大家不需要强行记忆，多用几次自然就熟练了。

对于进制来说，只是数据的表现形式，而数据的大小不会因为进制表现形式的不同而不同，如二进制的 0b1、十进制的 1、十六进制的 0x01，它们本质上是数值大小相等的同一个数据。在进行 C 语言编程的时候，只写十进制和十六进制，那么不带 0x 符号的就是十进制，带了 0x 符号的就是十六进制。

3.3.2　C 语言变量类型和范围

什么是变量？变量自然和常量是相对的。常量就是 1、2、3、4.5、10.6 等固定的数字，而变量则和小学学的 x 是一个概念，可以让它是 1，也可以让它是 2，想让它是几由程序说了算。

小学学的数学有这么几类数：正数、负数、整数和小数。在 C 语言里，除名字和数学里学的不一样外，还对数据大小进行了限制。这个地方有一点复杂的是，在 C51 中数据范围和其他编程环境可能不完全一样，因此图 3-34 仅仅代表的是 C51。

C 语言的数据基本类型分为字符型、整型、长整型以及浮点型，如图3-34 所示。

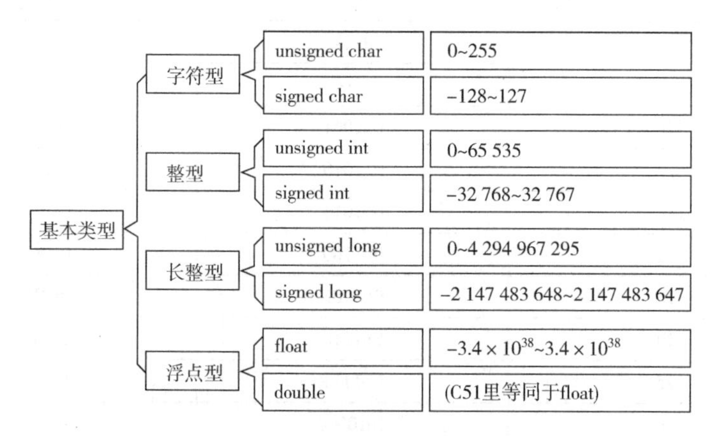

图 3-34　C 语言基本数据类型

图 3-34 中的四种基本类型，每个基本类型又包含两个类型。字符型、整型、长整型除了可表达的数值大小范围不同之外，都是只能表达整数，而 unsigned型又只能表达正整数，要表达负整数则必须用 signed 型，如要表达小数，则必须用浮点型了。例如，3. 2 节闪烁 LED 小灯的程序，用的是 unsigned int i =0；这个地方 i 的取值范围就是 0 ~ 65 535，在接下来的 for 语句里，如果将原来那个 30 000 改成 70 000，for （i =0； i < 70 000； i + + ）；就会发现小灯会一直亮，而不是闪烁了，这里自然就有因超出 i 取值范围所造成的问题，但要彻底搞明白这个问题，就是能用小不用大。也就是说定义能用 1 个字节 char 解决问题的，就不定义成 int，一方面节省 RAM 空间可以让其他变量或者中间运算过程使用，另一方面占空间小程序运算速度也快一些。

3. 3. 3　C 语言基本运算符

小学学过加、减、乘、除等运算符号以及四则混合运算，而这些运算符号在 C 语言中也有，但是有些表达方法不一样，并且还有额外的运算符号。在 C 语言编程中，加、减、乘、除和取余数的符号分别是 +、 -、 ×、/、%。此外，C 语言中还有两个额外的运算符 ++ 和 --，它们的用法是一样的，一个是自加 1，一个是自减 1。这里选 ++ 来讲一下。

++ 在用法上就是加 1 的意思，注意是变量自己加，如 b ++ 的意思就是

b = b + 1，而在编程的时候我们有两种常用的方式先加和后加。例如，unsigned char a = 0；unsigned char b = 0；那么 a = ++ b；的整个运算过程是先计算 b = b + 1，那么 b 就等于 1 了，然后再运行 a = b，运行完毕后 a = 1，b = 1。如果写成 a = b ++；运算过程就是先执行 a = b；然后再执行 b = b + 1，执行完的结果就是 a = 0，b = 1。

刚刚讲述的叫作算术运算符，但是其中用到了 C 语言一个很重要的赋值运算符“ = ”。前边的程序在不停地用，但是始终没有详细诠释这个运算符。在 C 语言里“ = ”代表的意思是赋值，而不是等于。最经典的一个例子就是 a = 1；b = 2；如果写成 a = a + b；这个在数学里的运算是 a 等于 a 加 b，但是在 C 语言里的意思是将 a 加 b 的结果送给 a，那么运算完了之后的结果是 a 等于 3，b 还等于 2。如此，就不得不说 C 语言的比较运算符“ == ”。这个在 C 语言里是进行是否等于判断的关系运算符，而“ ! = ”就是不等于的关系运算符。这些运算符在此就是简单介绍一下，而后边会通过使用来帮助大家巩固这些知识。其他一些运算符，在使用过程中也会陆续介绍。

3.3.4　for 循环语句

for 循环语句是今后编程的一个常用语句，这个语句必须学会其用法，它不仅仅可以用来作延时，更重要的是用来作一些循环运算。for 循环语句的一般形式如下：

```
for(表达式 1;表达式 2;表达式 3)
{
  (需要执行的语句);
}
```

其执行过程是：表达式 1 首先执行且只执行一次；然后执行表达式 2，通常都是一个用于判定条件的表达式，如果表达式 2 条件成立，就执行（需要执行的语句）；然后再执行表达式 3；再判断表达式 2，执行（需要执行的语句）；再执行表达式 3……一直到表达式 2 不成立时，跳出循环继续执行循环后面的语句。举个例子：

```
for(i = 0;i < 2;i ++ )
{
  j ++ ;
}
```

这里有一个符号 ++，假如 j 最开始初值是 0，首先执行表达式 1 的 i = 0，然后判断 i 小于 2 这个条件成立，就执行一次 j ++，j 的值就是 1 了，然后经过表达式 3 后，i 的值也变成 1 了，再判断条件 2，还是符合，j 再加一次，j

变成2了，再经过表达式3后i也变成2了，再判断条件2，发现2<2这个条件不成立了，所以就不会再执行j++这个语句了。所以执行完毕后，j的值就是2。

for语句除了这种标准用法，还有几种特殊用法，如3.2节闪烁小灯对for语句的用法for（i=0；i<30 000；i++）；我们没有加（需要执行的语句），没有加就是什么都不操作。但是什么都不操作的话，这个for语句循环判断了30 000次，程序执行是会用掉时间的，所以就起到了延时的作用。例如，将30 000改成20 000，会发现灯的闪烁速度加快了，因为延时时间短了，当然，改成40 000后会发现，闪烁慢了。但是有一点要特别注意，C语言的延时时间是不能通过程序看出来的，也不会成比例，如这个for循环中的表达式2使用30 000时延时是3 s，那么改成40 000的时候，可能不是4 s。还有一种写法for（;;），这样写后，这个for循环就变成死循环了，就不停地执行（需要执行的语句），和后边讲的while（1）的意思是一样的。那while这个语法是如何运用的呢？

3.3.5　while循环语句

在单片机C语言编程的时候，每个程序都会固定地加一句while（1），这条语句就可以起到死循环的作用。对于while语句来说，它的一般形式是

```
while(表达式)
{
  循环体语句;
}
```

在C语言里，通常表达式符合条件，叫作真；表达式不符合条件，叫作假。例如，前边i<30 000，当i等于0的时候，这个条件成立，就是真；如果i>30 000的时候，条件不成立，就叫作假。while（表达式）这个括号里的表达式为真的时候，就会执行循环体语句；当为假的时候，就不执行。在这里先不举例，后边遇到时再详细说明。

还有另外一种情况，就是C语言中除了表达式外，还有常数，习惯上将非0的常数都认为是真，只有0认为是假，所以程序中使用了while（1），这个数字1可以改成2、3、4等，都是一个死循环，不停地执行循环体的语句，但是如果将这个数字改成0，就不会执行循环体的语句了。

通过学习for循环和while循环，是不是会产生一个疑问？为何有的循环加上{}，而有的循环却没加呢？什么时候需要加，什么时候不需要加呢？

前边讲过，在C语言中分号表示语句的结束，而在循环语句里{}表示

的是循环体的所有语句，如果不加大括号，则只循环执行一条语句，即第一个分号之前的语句，而加上大括号后，则会执行大括号中所有的语句，举个例子看一下吧，3.2 节的闪烁小灯程序如下所示。

程序一：

```
while(1)
{
  LED =0;
  for(i =0;i <30000;i ++);
  LED =1;
  for(i =0;i <30000;i ++);
}
```

程序二：

```
while(1)
LED =0;
for(i =0;i <30000;i ++);
LED =1;
for(i =0;i <30000;i ++);
```

程序一就是 3.2 节的程序，可以直接实现闪烁功能。而程序二没有加大括号，从语法上来看是没有任何错误的，写到 Keil 里编译一下也不会报错。但是从逻辑上来讲，程序二只会不停地循环“LED =0;”这条语句，实际上和程序三效果是相同的。

程序三：

```
while(1)
{
  LED =0;
}
for(i =0;i <30000;i ++);
LED =1;
for(i =0;i <30000;i ++);
```

程序执行到 while(1) 已经进入死循环了，所以后边三条语句是永远也执行不到的。因此，为了防止出类似的逻辑错误，不管循环语句后边是一条还是多条语句，都加上 {} 以防出错。

3.3.6　函数的简单介绍

函数定义的一般形式如下：

```
函数值类型函数名（形式参数列表）
{
  函数体
}
```

说明：

(1) 函数值类型，就是函数返回值的类型。在后边的程序中会有很多函数中有 return x 这个语句，这个返回值也就是函数本身的类型。还有一种情况，就是这个函数只执行操作，不需要返回任何值，那么这个时候它的类型就是空类型 void，这个 void 按道理来说是可以省略的，但是一旦省略，Keil 软件就会报一个警告，所以通常也不省略。

（2）函数名，可以由任意的字母、数字和下画线组成，但数字不能作为开头。函数名不能与其他函数或者变量重名，也不能是关键字。什么是关键字呢，后边我们慢慢接触，如 char 这类，都是关键字，是程序中具备特殊功能的标志符，这些标志符不可以命名函数。

（3）形式参数列表，也叫作形参列表，这个是函数调用的时候相互传递数据用的。有的函数不需要传递参数给它，可以用 void 来替代，void 同样可以省略，但是那个括号是不能省略的。

（4）函数体，包含声明语句部分和执行语句部分。声明语句部分主要用于声明函数内部所使用的变量，执行语句部分主要是一些函数。特别注意所有的声明语句部分必须放在执行语句之前，否则编译的时候会报错。

一个工程文件必须有且仅有 main 函数，程序执行的时候都是从 main 函数开始的。

```
void main()  //void 即函数类型
{
    //以下为声明语句部分
    unsigned int i = 0;  //定义一个无符号整型变量 i,并赋初值 0
    //以下为执行语句部分
    ENLED = 0;  //U3、U4 两片 74HC138 总使能
    ADDR3 = 1;  //使能 U3 使之正常输出
    ADDR2 = 1;  //经 U3 的 Y6 输出开启三极管 Q16
    ADDR1 = 1;
    ADDR0 = 0;
    while (1)
    {
      LED = 0;                          //点亮小灯
      for(i = 0;i < 30000;i ++ );       //延时一段时间
      LED = 1;                          //熄灭小灯
      for(i = 0;i < 30000;i ++ );       //延时一段时间
    }
}
```

代码中的“//”是注释符，意思是说在这之后的内容都是注释。注释是

给程序员自己或其他人看的，用于对程序代码做一些补充说明，对程序的编译和执行没有任何影响。

3.4　设计实例——定时器与数码管

3.4.1　定时器的初步认识

定时器是单片机系统的一个重点，但并不是难点，首先介绍几个基本概念。

时钟周期：时钟周期 T 是时序中最小的时间单位，具体计算的方法就是 1/时钟源频率，ST-51 单片机用的晶振是 11.059 2 MHz，对于单片机系统来说，时钟周期 = 1/11 059 200 s。

机器周期：单片机完成一个操作的最短时间。机器周期主要针对汇编语言而言，在汇编语言下程序的每一条语句执行所使用的时间都是机器周期的整数倍，而且语句占用的时间是可以计算出来的，而 C 语言一条语句的时间是不确定的，受到诸多因素的影响。51 单片机系列在其标准架构下一个机器周期是 12 个时钟周期，也就是 12/11 059 200 s。现在有不少增强型的 51 单片机，其速度都比较快，有的 1 个机器周期等于 4 个时钟周期，有的 1 个机器周期就等于 1 个时钟周期，也就是说大体上其速度可以达到标准 51 架构的 3 倍或 12 倍。因为我们是讲标准的 51 单片机，所以后边的课程如果遇到这个概念，全部是指 12 个时钟周期。

定时器和计数器是单片机内部的同一个模块，通过配置 SFR 可以实现两种不同的功能，大多数情况下是使用定时器功能，因此主要讲定时器功能，计数器功能大家自己了解一下即可。

顾名思义，定时器就是用来进行定时的。定时器内部有一个寄存器，我们让它开始计数后，这个寄存器的值每经过一个机器周期就会自动加 1，因此，可以将机器周期理解为定时器的计数周期。就像我们的钟表，每经过1 s，数字自动加 1，而这个定时器就是每过一个机器周期的时间，也就是 12/11 059 200 s，数字自动加 1。还有一个要特别注意的地方，就是钟表加到 60 后，秒就自动变成 0 了，这种情况在单片机或计算机里称为溢出。那定时器加到多少才会溢出呢？后面会讲到定时器有多种工作模式，分别使用不同的位宽（指使用多少个二进制位），假如是 16 位的定时器，也就是 2 个字节，最大值就是 65 535，那么加到 65 535 后，再加 1 就算溢出，如果有其他位数，道理是一样的，对于 51 单片机来说，溢出后，这个值会直接变成 0。从某一个初始值开始，经过确定的时间后溢出，这个过程就是定时的含义。

3.4.2 定时器的寄存器

标准的51单片机内部有T0和T1两个定时器，T就是Timer的缩写，现在很多51系列单片机还会增加额外的定时器，在这里先讲定时器0和1。前边提到过，对于单片机的每一个功能模块，都是由它的SFR，也就是特殊功能寄存器来控制的。与定时器有关的特殊功能寄存器有以下几个，因此不需要去记忆这些寄存器的名字和作用，使用的时候，随时可以查手册，找到每个寄存器的名字和每个寄存器所起到的作用。

表3-2的寄存器是存储定时器的计数值的。TH0/TL0用于T0，TH1/TL1用于T1。

表3-2 定时值存储寄存器

名称	描 述	SFR地址	复位值
TH0	定时器0高字节	0x8C	0x00
TL0	定时器0低字节	0x8A	0x00
TH1	定时器1高字节	0x8D	0x00
TL1	定时器1低字节	0x8B	0x00

表3-3是定时器控制寄存器TCON的位分配，表3-4是对每一位的具体含义的描述。

表3-3 TCON——定时器控制寄存器的位分配（地址0x88、可位寻址）

位	7	6	5	4	3	2	1	0
符号	TF1	TR1	TF0	TR0	IE1	IT1	IE0	IT0
复位值	0	0	0	0	0	0	0	0

表3-4 TCON——定时器控制寄存器的位描述

位	符号	描 述
7	TF1	定时器1溢出标志。一旦定时器1发生溢出时硬件置1。清零有两种方式：软件清零，或者进入定时器中断时硬件清零
6	TR1	定时器1运行控制位。软件置位/清零来进行启动/停止定时器
5	TF0	定时器0溢出标志。一旦定时器0发生溢出时硬件置1。清零有两种方式：软件清零，或者进入定时器中断时硬件清零
4	TR0	定时器0运行控制位。软件置位/清零来进行启动/停止定时器
3	IE1	外部中断部分，与定时器无关，暂且不看

续表

位	符号	描　　述
2	IT1	
1	IE0	
0	IT0	

注意在表 3-4 的描述中，只要写到硬件置 1 或者清 0 的，就是指一旦符合条件，单片机将自动完成的动作，只要写软件置 1 或者清 0 的，是指必须用程序去完成这个动作，后续遇到此类描述就不再另做说明了。

对于 TCON 这个 SFR，其中有 TF1、TR1、TF0、TR0 这 4 位需要理解清楚，它们分别对应于 T1 和 T0，以定时器 1 为例讲解，那么定时器 0 同理。先看 TR1，当程序中写 TR1 = 1 以后，定时器值就会每经过一个机器周期自动加 1，当程序中写 TR1 = 0 以后，定时器就会停止加 1，其值会保持不变。TF1 是一个标志位，它的作用是告诉我们定时器溢出了。例如，我们将定时器设置成 16 位的模式，那么每经过一个机器周期，TL1 加 1 一次，当 TL1 加到 255 后，再加 1，TL1 变成 0，TH1 会加 1 一次，如此一直加到 TH1 和 TL1 都是 255（TH1 和 TL1 组成的 16 位整型数为 65 535）以后，再加 1 一次，就会溢出了，TH1 和 TL1 同时都变为 0，只要一溢出，TF1 马上自动变成 1，告诉我们定时器溢出了，仅仅是提供给一个信号，让我们知道定时器溢出了，它不会对定时器是否继续运行产生任何影响。

本节开头就提到了定时器有多种工作模式，工作模式的选择就由 TMOD 来控制，TMOD 的位分配和描述见表 3-5 ~ 表 3-7。

表 3-5　TMOD——定时器模式寄存器的位分配（地址 0x89、不可位寻址）

位	7	6	5	4	3	2	1	0
符号	GATE（T1）	C/T（T1）	M1（T1）	M0（T1）	GATE（T0）	C/T（T0）	M1（T0）	M0（T0）
复位值	0	0	0	0	0	0	0	0

表 3-6　TMOD——定时器模式寄存器的位描述

符号	描　　述
T1/T0	在表 3-5 中，标 T1 的表示控制定时器 1 的位，标 T0 的表示控制定时器 0 的位
GATE	该位被置 1 时为门控位。仅当 INTx 脚为高并且 TRx 控制位被置 1 时使能定时器“x”，定时器开始计时，当该位被清 0 时，只要 TRx 位被置 1，定时器 x 就使能开始计时，不受单片机引脚“INTx”外部信号的干扰，常用来测量外部信号脉冲宽度
C/T	定时器或计数器选择位。该位被清零时用作定时器功能（内部系统时钟），被置 1 用作计数器功能

表 3-7　TMOD——定时器模式寄存器 M1/M0 工作模式

M1	M0	工作模式	描　述
0	0	0	兼容 8048 单片机的 13 位定时器，THn 的 8 位和 TLn 的 5 位组成一个 13 位定时器
0	1	1	THn 和 TLn 组成一个 16 位的定时器
1	0	2	8 位自动重装模式，定时器溢出后 THn 重装到 TLn 中
1	1	3	禁用定时器 1，定时器 0 变成两个 8 位定时器

可能已经注意到，表 3-3 的 TCON 最后标注了“可位寻址”，而表 3-5 的 TMOD 标注的是“不可位寻址”。意思就是说：如 TCON 有一个位叫 TR1，可以在程序中直接进行 TR1 =1 这样的操作。但对 TMOD 里的位如（T1） M1 =1 这样的操作就是错误的。要操作就必须一次操作整个字节，也就是必须一次性对 TMOD 所有位操作，不能对其中某一位单独进行操作。

表 3-7 列出的就是定时器的 4 种工作模式，其中模式 0 是为了兼容老的 8048 系列单片机而设计的，现在的 51 单片机几乎不会用到这种模式，而模式 3 根据应用经验，它的功能用模式 2 完全可以取代，所以基本上也是不用的。

模式 1，是 THn 和 TLn 组成了一个 16 位的定时器，计数范围是 0 ~ 65 535，溢出后，只要不对 THn 和 TLn 重新赋值，则从 0 开始计数。模式 2，是 8 位自动重装载模式，只有 TLn 做加 1 计数，计数范围 0 ~ 255，THn 的值并不发生变化，而是保持原值，TLn 溢出后，TFn 就直接置 1 了，并且 THn 原先的值直接赋给 TLn，然后 TLn 从新赋值的这个数字开始计数。这个功能可以用来产生串口的通信波特率，本节将重点来学习模式 1。为了加深理解定时器的原理，下面来看一下模式 1 的电路示意图 3-35。

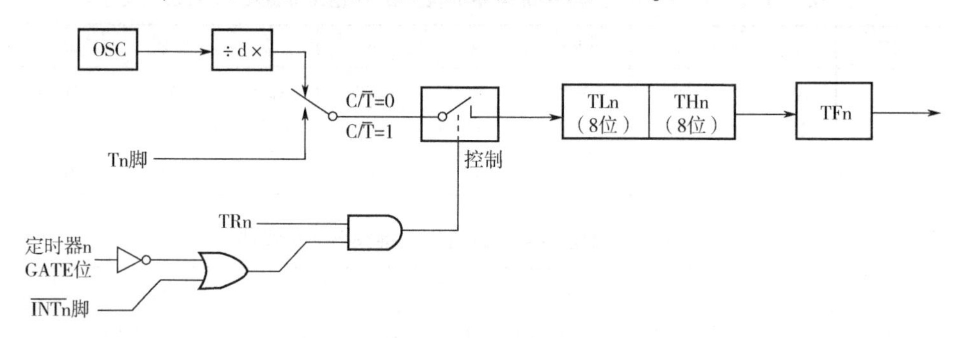

图 3-35　定时器/计数器模式 1 示意图

OSC 框表示时钟频率，因为 1 个机器周期等于 12 个时钟周期，所以那个 d 就等于 12。下边 GATE 右边的那个门是一个非门电路，再右侧是一个或门，再往右是一个与门电路。从图 3-35 中可以看出，下边部分电路控制了上边部分电路。

（1）TR0 和下边或门电路的结果要进行与运算，TR0 如果是 0，与运算完肯定是 0；如果要让定时器工作，TR0 就必须置 1。

（2）这里的与门结果要想得到 1，那么前面的或门出来的结果必须也是 1 才行。在 GATE 位为 1 的情况下，经过一个非门变成 0，或门电路结果要想是 1，INT0 即 P3.2 引脚必须是 1 的情况下，这时定时器才会工作，而 INT0 引脚是 0 的情况下，定时器不工作，这就是 GATE 位的作用。

（3）当 GATE 位为 0 的时候，经过一个非门会变成 1，那么不管 INT0 引脚是什么电平，经过或门电路后都肯定是 1，定时器就会工作。

（4）要想让定时器工作，就是自动加 1，从图 3-35 中看有两种方式，第一种方式是那个开关打到上边的箭头，就是 C/T = 0 的时候，一个机器周期 TL 就会加 1 一次，当开关打到下边的箭头，即 C/T = 1 的时候，T0 引脚即 P3.4 引脚来一个脉冲，TL 就加 1 一次，这也就是计数器的功能。

3.4.3　定时器的应用

了解了定时器相关的寄存器，下面就来一个定时器的程序，巩固一下所学到的内容。这节课的程序先使用定时器 0，在使用定时器的时候，需要有以下几个步骤。

第一步：设置特殊功能寄存器 TMOD，配置好工作模式。

第二步：设置计数寄存器 TH0 和 TL0 的初值。

第三步：设置 TCON，通过 TR0 置 1 来让定时器开始计数。

第四步：判断 TCON 寄存器的 TF0 位，监测定时器溢出情况。

写程序之前，要先来学会计算如何用定时器定时。晶振是11.059 2MHz，时钟周期就是 1/11 059 200s，机器周期是 12/11 059 200s，假如要定时20 ms，就是0.02 s，要经过 x 个机器周期得到0.02 s，算一下 $x \times 12/11\ 059\ 200 = 0.02$，得到 $x = 18\ 432$。16 位定时器的溢出值是 65 536（因为 65 535 再加 1 才是溢出），于是就可以这样操作，先给 TH0 和 TL0 一个初始值，让它们经过 18 432 个机器周期后刚好达到 65 536，也就是溢出，溢出后可以通过检测 TF0 的值得知，就刚好是 0.02 s。那么初值 $y = 65\ 536 - 18\ 432 = 47\ 104$，转成十六进制就是 0xB800，也就是 TH0 = 0xB8，TL0 = 0x00。这样 0.02 s 的定时就做出来了，细心的同学会发现，如果初值直接给一个 0x0000，一直到 65 536 溢出，定时器定时值最大也就是 71 ms 左右，想定时更长时间怎么办呢？用小学学过的逻辑、倍数关系就可以解决此问题。

下面就用程序来实现这个功能。

```
#include <reg52.h>
```

```
sbit LED = P0^0;
sbit ADDR0 = P1^0;
sbit ADDR1 = P1^1;
sbit ADDR2 = P1^2;
sbit ADDR3 = P1^3;
sbit ENLED = P1^4;
void main()
{
  unsigned char cnt = 0;          //定义一个计数变量,记录T0溢出次数
  ENLED = 0;                      //使能U3,选择独立LED
  ADDR3 = 1;
  ADDR2 = 1;
  ADDR1 = 1;
  ADDR0 = 0;
  TMOD = 0x01;                    //设置T0为模式1
  TH0 = 0xB8;                     //为T0赋初值0xB800
  TL0 = 0x00;
  TR0 = 1;                        //启动T0
  while(1)
  {
    if(TF0 == 1)                  //判断T0是否溢出
    {
        TF0 = 0;                  //T0溢出后,清零中断标志
        TH0 = 0xB8;               //并重新赋初值
        TL0 = 0x00;
        cnt ++;                   //计数值自加1
        if(cnt >= 50)             //判断T0溢出是否达到50次
        {
            cnt = 0;              //达到50次后计数值清零
            LED = ~LED;           //LED取反:0→1、1→0
        }
    }
  }
}
```

程序中都写了注释，结合前面学过的内容，自己分析一下，不难理解。

本程序实现的结果是开发板上最右边的小灯点亮 1 s，熄灭 1 s，也就是以 0.5 Hz的频率进行闪烁。

3.5　设计实例——中断与数码管动态刷新

中断是单片机系统重点中的重点，因为有了中断，单片机就具备了快速协调多模块工作的能力，可以完成复杂的任务。本节将讲解数码管动态显示的原理，并最终借助于中断系统来完成实用的数码管显示程序。对本章节内容要多多研究，要完全掌握并能熟练运用。

3.5.1　单片机中断系统

请设想这样一个场景：此刻我正在厨房用煤气烧一壶水，而烧开一壶水刚好需要 10 min，我是一个主体，烧水是一个目的，而且我只能时时刻刻在这里烧水，因为一旦水开了，溢出来浇灭煤气的话，有可能引发一场灾难。但就在这个时候，我又听到了电视里传来《天龙八部》的主题歌，马上就要开演了，我真想夺门而出，去看我最喜欢的电视剧。然而，听到这个水壶发出“咕嘟”的声音，我清楚：除非等水烧开了，否则我是无法享受我喜欢的电视剧的。

这里边主体只有一个我，而我要做的有两件事情，一件事是看电视，另一件事是烧水，而电视和烧水是两个独立的客体，它们是同时进行的。其中烧水需要 10 min，但不需要了解烧水的过程，只需要得到水烧开的这样一个结果就行了，提下水壶和关闭煤气只需要几秒的时间而已。所以采取的办法就是：烧水的时候，定上一个闹钟，定时 10 min，然后我就可以安心看电视了。当 10 min 时间到了，闹钟响了，此刻水也烧开了，我就过去把煤气灭掉，然后继续回来看电视就可以了。这个场景和单片机有什么关系呢？

在单片机的程序处理过程中也有很多类似的场景，当单片机正在专心致志地做一件事情（看电视）的时候，总会有一件或者多件紧迫或者不紧迫的事情发生，需要去关注，有一些需要我们停下手头的工作马上去处理（如水开了），只有处理完了，才能回头继续完成刚才的工作（看电视）。这种情况下单片机的中断系统就该发挥它的强大作用了，合理巧妙地利用中断，不仅可以使我们获得处理突发状况的能力，而且可以使单片机能够“同时”完成多项任务。

3.5.2　定时器中断的应用

在 3.4 节中学过了定时器，而实际上定时器一般都是采取中断方式来实现的，但是定时器和中断不是一回事，定时器是单片机模块的一个资源，是确确实实存在的一个模块，而中断是单片机的一种运行机制。尤其是初学者，很多人会误以为定时器和中断是一个东西，只有定时器才会触发中断，但实际上很多事件都会触发中断，除了“烧水”，还有“有人按门铃”“来电话了”，等等。

标准51单片机中控制中断的寄存器有两个，一个是中断使能寄存器；另一个是中断优先级寄存器，这里先介绍中断使能寄存器，见表3-8和表3-9。随着一些增强型51单片机的问世，可能会有增加的寄存器，大家理解了我们这里所讲的，其他的通过自己研读数据手册就可以理解明白并且使用了。

表3-8　IE——中断使能寄存器的位分配（地址0xA8、可位寻址）

位	7	6	5	4	3	2	1	0
符号	EA	—	ET2	ES	ET1	EX1	ET0	EX0
复位值	0	—	0	0	0	0	0	0

表3-9　IE——中断使能寄存器的位描述

位	符号	描　述
7	EA	总中断使能位，相当于总开关
6	—	—
5	ET2	定时器2中断使能
4	ES	串口中断使能
3	ET1	定时器1中断使能
2	EX1	外部中断1使能
1	ET0	定时器0中断使能
0	EX0	外部中断0使能

中断使能寄存器IE的位0~5控制了6个中断使能，而第6位没有用到，第7位是总开关。总开关就相当于我们家里或者学生宿舍里的那个电源总闸门，而0~5这6个位相当于每个分开关。那么也就是说，我们只要用到中断，就要写EA=1这一语句，打开中断总开关，然后用到哪个分中断，再打开相对应的控制位就可以了。

现在就将前面的数码管动态显示的程序改用中断再实现出来，同时数码管显示抖动和“鬼影”也一并处理掉了。程序运行的流程跟上述所示的流程图是基本一致的，但因为加入了中断，所以整个流程被分成了两部分，转换为数码管显示字符的部分还留在主循环内，而实现 1 s 定时和动态扫描部分则移到了中断函数内，并加入了消隐的处理。下面来看程序：

```
#include <reg52. h>
sbit ADDR0 = P1^0;
sbit ADDR1 = P1^1;
sbit ADDR2 = P1^2;
sbit ADDR3 = P1^3;
sbit ENLED = P1^4;
unsigned char code LedChar[ ] = {   //数码管显示字符转换表
  0xC0,0xF9,0xA4,0xB0,0x99,0x92,0x82,0xF8,
  0x80,0x90,0x88,0x83,0xC6,0xA1,0x86,0x8E
};
unsigned char LedBuff[6] = {
  //数码管显示缓冲区,初值 0xFF 确保启动时都不亮
  0xFF,0xFF,0xFF,0xFF,0xFF,0xFF
};
unsigned char i = 0;          //动态扫描的索引
unsigned int cnt = 0;         //记录 T0 中断次数
unsigned char flag1s = 0;     //1 s 定时标志
void main( )
{
  unsigned long sec = 0;      //记录经过的秒数
  EA = 1;                     //使能总中断
  ENLED = 0;                  //使能 U3,选择控制数码管
  ADDR3 = 1;                  //需要动态改变 ADDR0 - 2 的值,所以不需要
                                再初始化
  TMOD = 0x01;                //设置 T0 为模式 1
  TH0 = 0xFC;                 //为 T0 赋初值 0xFC67,定时 1 ms
  TL0 = 0x67;
  ET0 = 1;                    //使能 T0 中断
  TR0 = 1;                    //启动 T0
  while(1)
  {
    if(flag1s = = 1)          //判断 1 s 定时标志
    {
```

```
            flag1s = 0;                 //1 s 定时标志清零
            sec ++ ;                    //秒计数自加 1
            //以下代码将 sec 按十进制位从低到高依次提取并转为数码管显示
              字符
            LedBuff[0] = LedChar[sec%10];
            LedBuff[1] = LedChar[sec/10%10];
            LedBuff[2] = LedChar[sec/100%10];
            LedBuff[3] = LedChar[sec/1000%10];
            LedBuff[4] = LedChar[sec/10000%10];
            LedBuff[5] = LedChar[sec/100000%10];
        }
    }
}
/*定时器 0 中断服务函数*/
void InterruptTimer0() interrupt 1
{
    TH0 = 0xFC;                 //重新加载初值
    TL0 = 0x67;
    cnt ++ ;                    //中断次数计数值加 1
    if(cnt >= 1000)             //中断 1 000 次即 1 s
    {
        cnt = 0;                //清零计数值以重新开始下 1 s 计时
        flag1s = 1;             //设置 1 s 定时标志为 1
    }
    //以下代码完成数码管动态扫描刷新
    P0 = 0xFF;  //显示消隐
    switch(i)
    {
        case 0:ADDR2 = 0;ADDR1 = 0;ADDR0 = 0;i ++ ;P0 = LedBuff[0];break;
        case 1:ADDR2 = 0;ADDR1 = 0;ADDR0 = 1;i ++ ;P0 = LedBuff[1];break;
        case 2:ADDR2 = 0;ADDR1 = 1;ADDR0 = 0;i ++ ;P0 = LedBuff[2];break;
        case 3:ADDR2 = 0;ADDR1 = 1;ADDR0 = 1;i ++ ;P0 = LedBuff[3];break;
        case 4:ADDR2 = 1;ADDR1 = 0;ADDR0 = 0;i ++ ;P0 = LedBuff[4];break;
        case 5:ADDR2 = 1;ADDR1 = 0;ADDR0 = 1;i = 0;P0 = LedBuff[5];break;
        default:break;
```

```
    }
}
```

将以上程序进行编译后，下载到单片机里运行，看看实际效果。

在这个程序中有两个函数，一个是主函数，另一个是中断服务函数。主函数 main( ) 就不用说了，下面重点强调一下中断服务函数，它的书写格式是固定的，首先中断函数前边 void 表示函数返回空，即中断函数不返回任何值，函数名是 InterruptTimer0( )，这个函数名在符合函数命名规则的前提下可以随便取，取这个名字是为了方便区分和记忆，而后是 interrupt 这个关键字，一定不能错，这是中断特有的关键字，后边还有一个数字 1，这个数字 1 是怎么来的呢？先来看表 3-10。

表 3-10　中断查询序列

中断函数编号	中断名称	中断标志位	中断使能位	中断向量地址	默认优先级
0	外部中断 0	IE0	EX0	0x0003	1（最高）
1	T0 中断	TF0	ET0	0x000B	2
2	外部中断 1	IE1	EX1	0x0013	3
3	T1 中断	TF1	ET1	0x001B	4
4	UART 中断	TI/RI	ES	0x0023	5
5	T2 中断	TF2/EXF2	ET2	0x002B	6

这个表格同样不需要大家记住，需要的时候过来查就可以了。现在看第二行的 T0 中断，要使能这个中断就要将它的中断使能位 ET0 置 1，当它的中断标志位 TF0 变为 1 时，就会触发 T0 中断了，这时就应该执行中断函数，单片机又怎样找到这个中断函数呢？靠的就是中断向量地址，所以 interrupt 后面中断函数编号的数字 x 就是根据中断向量得出的，它的计算方法是 $x \times 8 + 3 =$ 向量地址。当然表中都已经给算好放在第一栏了，直接查出来用就行了。

中断函数写好后，当满足中断条件而触发中断后，系统就会自动来调用中断函数。例如，上面这个程序平时一直在主程序 while（1）的循环中执行，假如程序有 100 行，当执行到 50 行时，定时器溢出了，单片机就会立刻跑到中断函数中执行中断程序，中断程序执行完毕后再自动返回到刚才的第 50 行处继续执行下面的程序，这样就保证了动态显示间隔是固定的1 ms，不会因为程序执行时间不一致的原因导致数码管显示的抖动。

3.5.3　中断的优先级

先通过介绍大概了解一下中断优先级的内容，后边实际应用的时候再详细理解。在讲中断产生背景的时候，仅仅讲了看电视和烧水的例子，但是实际生活当中还有更复杂的，如我正在看电视，这个时候来电话了，我要进入接电话的“中断”程序当中去，在接电话的同时，听到了水开的声音，水开的“中断”也发生了，我们就必须放下手上的电话，先将煤气关掉，然后再回来听电话，最后听完了电话再看电视，这里就产生了一个优先级的问题。

还有一种情况，我们在看电视的时候，这个时候听到水开的声音，水开的“中断”发生了，我们要进入关煤气的“中断”程序当中，而在关煤气的同时，电话声音响了，而这时处理方式是先将煤气关闭，再去接听电话，最后再看电视。

从这两个过程中可以得到一个结论，就是最紧急的事情一旦发生后，不管当时处在哪个“程序”当中，必须先去处理最紧急的事情，处理完毕后再去解决其他事情。在单片机程序当中有时候也是这样，有一般紧急的中断，有特别紧急的中断，这取决于具体的系统设计，这就涉及中断优先级和中断嵌套的概念。本节先简单介绍一下相关寄存器，不做例程说明。

中断优先级有两种，一种是抢占优先级，一种是固有优先级，先介绍抢占优先级。来看表 3-11 和表 3-12。

表 3-11　IP——中断优先级寄存器的位分配（地址 0xB8、可位寻址）

位	7	6	5	4	3	2	1	0
符号	—	—	PT2	PS	PT1	PX1	PT0	PX0
复位值	—	—	0	0	0	0	0	0

表 3-12　IP——中断优先级寄存器的位描述

位	符号	描　述
7	—	保留
6	—	保留
5	PT2	定时器 2 中断优先级控制位
4	PS	串口中断优先级控制位
3	PT1	定时器 1 中断优先级控制位
2	PX1	外部中断 1 中断优先级控制位
1	PT0	定时器 0 中断优先级控制位
0	PX0	外部中断 0 中断优先级控制位

IP 寄存器中的每一位表示对应中断的抢占优先级，每一位的复位值都是

0，当将某一位设置为1的时候，这一位的优先级就比其他位的优先级高。例如，设置了PT0位为1后，当单片机在主循环或者任何其他中断程序中执行时，一旦定时器T0发生中断，作为更高的优先级，程序马上就会跑到T0的中断程序中来执行。反过来，当单片机正在T0中断程序中执行时，如果有其他中断发生了，还是会继续执行T0中断程序，直到将T0中的中断程序执行完毕以后，才会去执行其他中断程序。

当进入低优先级中断中执行时，如又发生了高优先级的中断，则立刻进入高优先级中断执行，处理完高优先级中断后，再返回处理低优先级中断，这个过程就叫作中断嵌套，也称为抢占。所以抢占优先级的概念就是，优先级高的中断可以打断优先级低的中断的执行，从而形成嵌套。当然反过来，优先级低的中断是不能打断优先级高的中断的。

既然有抢占优先级，自然也就有非抢占优先级了，也称固有优先级。在表3-10中的最后一列给出的就是固有优先级，请注意，在中断优先级的编号中，一般都是数字越小优先级越高。从表中可以看到一共有1～6共6级的优先级，这里的优先级与抢占优先级的一个不同点就是，它不具有抢占的特性，也就是说即使在低优先级中断执行过程中又发生了高优先级的中断，那么这个高优先级的中断也只能等到低优先级中断执行完后才能得到响应。既然不能抢占，那么这个优先级有什么用呢？答案是多个中断同时存在时的仲裁。比如说有多个中断同时发生了，当然实际上发生这种情况的概率很低，但另外一种情况就常见得多，那就是出于某种原因我们暂时关闭了总中断，即EA=0，执行完一段代码后又重新使能了总中断，即EA=1，那么在这段时间里就很可能有多个中断都发生了，但因为总中断是关闭的，所以它们当时都得不到响应，而当总中断再次使能后，它们就会在同时请求响应了，很明显，这时也必须有个先后顺序才行，这就是非抢占优先级的作用，在表3-10中，谁优先级最高先响应谁，然后按编号排队，依次得到响应。

抢占优先级和非抢占优先级的协同，可以使单片机中断系统有条不紊地工作，既不会无休止地嵌套，又可以保证必要时紧急任务得到优先处理。在后续的学习过程中，中断系统会与我们如影随形，处处都有它的身影，随着学习的深入，相信你对它的理解也会更加地深入。

3.6　设计实例——步进电机与蜂鸣器

3.6.1　单片机I/O口的结构

单片机I/O口除了大家熟知的“准双向I/O”以外，单片机I/O口还有另外三种状态，分别是开漏、推挽和高阻态，我们通过图 3-36 来分析这三种状态。

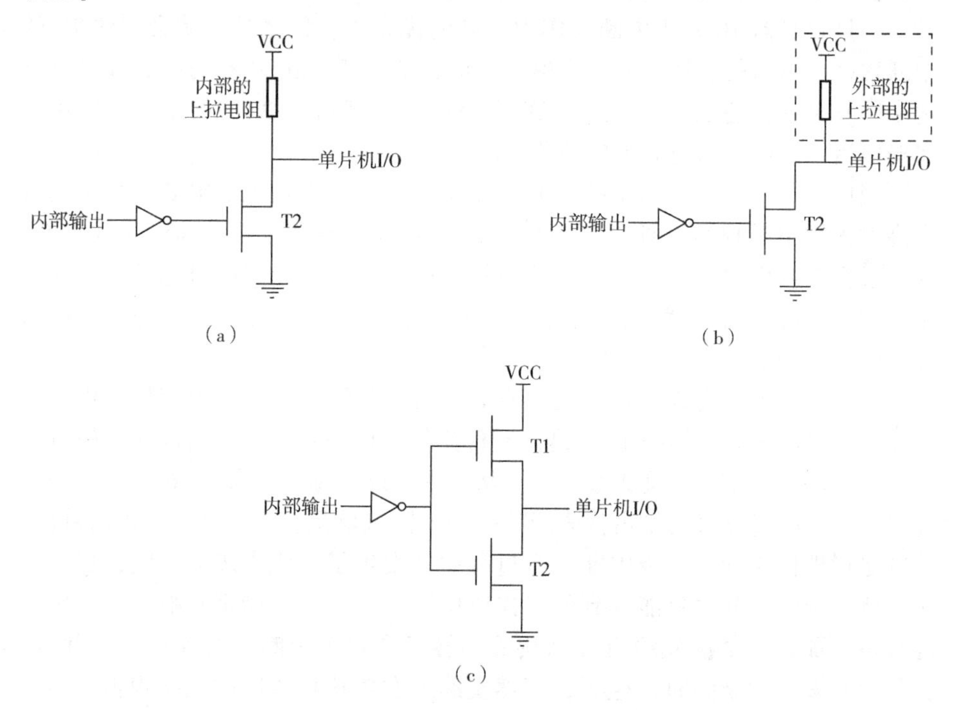

图 3-36 单片机 I/O 结构示意图

(a) 准双向 I/O；(b) 开漏输出；(c) 强推挽输出

前边我们简单介绍“准双向 I/O”的时候是用三极管来说明的，出于严谨的态度，这里按照实际情况用 MOS 管画图示意。实际上三极管是靠电流导通的，而 MOS 管是靠电压导通的，具体缘由和它们的内部构造有关系，在这里我们暂且不必关心，如果今后有必要了解可以直接查找模拟电子书或者百度相关资料进行细致学习。在单片机 I/O 口状态这一块内容上，可以将 MOS 管当三极管来理解。在图 3-36 中，T1 相当于一个 PNP 三极管，T2 相当于一个 NPN 三极管。

其中准双向 I/O 口原理已经讲过了，开漏输出和准双向 I/O 的唯一区别就是：开漏输出将内部的上拉电阻去掉了。开漏输出如果要输出高电平，则 T2 关断，I/O 电平要靠外部的上拉电阻才能拉成高电平；如果没有外部上拉电阻，I/O 电平就是一个不确定态。标准 51 单片机的 P0 口默认就是开漏输出，如果要用的时候，外部需要加上拉电阻。而强推挽输出就是有比较强的驱动能力，如图 3-36 (c)，当内部输出一个高电平时，通过 MOS 管直接输出电流，没有电阻的限流，电流输出能力也比较大；如果内部输出一个低电平，那么反向电流也可以很大，强推挽的一个特点就是驱动能力强。

单片机 I/O 还有一种状态叫高阻态。通常用来做输入引脚的时候，可以将 I/O 口设置成高阻态，高阻态引脚本身如果悬空，用万用表测量的时候可能是高也可能是低，它的状态完全取决于外部输入信号的电平，高阻态引脚对 GND 的等效电阻很大（理论上相当于无穷大，但实际上总是有限值而非无穷大），所以称为高阻。

这就是单片机的 I/O 口的四种状态，在 51 单片机的学习过程中，主要应用的是准双向 I/O 口，随着学习的深入，其他状态也会有所接触，在这里介绍给大家学习一下。

3.6.2　上下拉电阻

前面很多次提到了上拉电阻、下拉电阻，具体到底什么样的电阻是上下拉电阻，上下拉电阻又有何作用呢？

上拉电阻就是将不确定的信号通过一个电阻拉到高电平，同时此电阻也起到一个限流作用，下拉电阻就是下拉到低电平。例如，I/O 设置为开漏输出高电平或者是高阻态时，默认的电平就是不确定的，外部经一个电阻接到 VCC，也就是上拉电阻，那么相应的引脚就是高电平；经一个电阻到 GND，也就是下拉电阻，那么相应的引脚就是一个低电平。

上拉电阻应用很多，都可以起到什么作用呢？现在主要先了解最常用的以下四点。

（1）OC 门要输出高电平，必须外部加上拉电阻才能正常使用，其实 OC 门就相当于单片机 I/O 的开漏输出，其原理可参照图 3-36（b）中的开漏电路。

（2）加大普通 I/O 口的驱动能力。标准 51 单片机的内部 I/O 口的上拉电阻一般都是在几十千欧，如 STC89C52 内部是 20 kΩ 的上拉电阻，所以最大输出电流是 250 μA。因此，外部加个上拉电阻可以形成和内部上拉电阻的并联结构，增大高电平时电流的输出能力。

（3）在电平转换电路中，如前面讲的 5 V 转 12 V 的电路中，上拉电阻其实起到的是限流电阻的作用，可以回顾一下前述内容。

（4）单片机中未使用的引脚，如总线引脚，引脚悬空时，容易受到电磁干扰而处于紊乱状态，虽然不会对程序造成什么影响，但通常会增加单片机的功耗，加上一个对 VCC 的上拉电阻或者一个对 GND 的下拉电阻后，可以有效地抵抗电磁干扰。

在进行电路设计的时候，又该如何选择合适的上下拉电阻的阻值呢？

（1）从降低功耗方面考虑，电阻应当足够大，因为电阻越大，电流越小。

（2）从确保足够的引脚驱动能力考虑，电阻应当足够小，电阻小了，电流才能大。

(3) 在开漏输出时，过大的上拉电阻会导致信号上升沿变缓。

下面来解释一下：实际电平的变化都是需要时间的，虽然很小，但永远都达不到零，而开漏输出时上拉电阻的大小就直接影响这个上升过程所需要的时间，如图 3-37 所示。设想一下，如果电阻很大，而信号频率又很快，则最终将导致信号还没等上升到高电平就又变低了，于是信号就无法正确传送了。

图 3-37　上拉电阻阻值对波形的影响

综合考虑各种情况，常用的上下拉电阻值大多选取在 1K ~ 10K，具体到底多大通常要根据实际需求来选，通常情况下在标准范围内就可以了，不一定是一个固定的值。

3.6.3　电机的分类

电机的分类方式有很多，从用途角度可划分为驱动类电机和控制类电机。直流电机属于驱动类电机，这种电机是将电能转换成机械能，主要应用在电钻、小车轮子、电风扇、洗衣机等设备上。步进电机属于控制类电机，它是将脉冲信号转换成一个转动角度的电机，在非超载的情况下，电机的转速、停止的位置只取决于脉冲信号的频率和脉冲数，主要应用在自动化仪表、机器人、自动生产流水线、空调扇叶转动等设备上。

步进电机又分为反应式、永磁式和混合式三种。

反应式步进电机：结构简单、成本低，但是动态性能差、效率低、发热大、可靠性难以保证，所以现在基本已经被淘汰了。

永磁式步进电机：动态性能好、输出力矩较大，但误差相对来说大一些，因其价格低而广泛应用于消费性产品。

混合式步进电机：综合了反应式步进电机和永磁式步进电机的优点，力矩大、动态性能好、步距角小、精度高，但是结构相对来说复杂，价格也相对高，主要应用于工业。

3.6.4 节主要讲解 28BYJ-48 款步进电机，先介绍型号中包含的具体含义。

28——步进电机的有效最大外径是 28mm；

B——表示步进电机；

Y——表示永磁式；

J——表示减速型；

48——表示四相八拍。

3.6.4　28BYJ-48 型步进电机原理详解

28BYJ-48 是 4 相永磁式减速步进电机，其外观如图 3-38 所示。

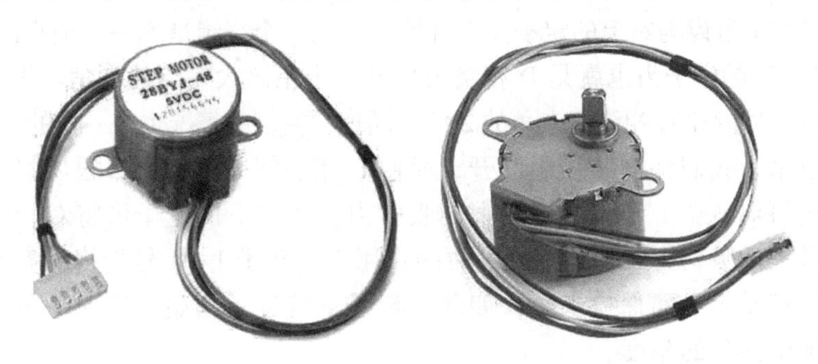

图 3-38　步进电机外观

首先解释“4 相永磁式”的概念，28BYJ-48 的内部结构示意图如图 3-39 所示。先看里圈，它上面有 6 个齿，分别标注为 0 ~ 5，这个叫作转子，顾名思义，它是要转动的，转子的每个齿上都带有永久的磁性，是一块永磁体，这就是“永磁式”的概念。再看外圈，这个就是定子，它是保持不动的，实际上它是跟电机的外壳固定在一起的，它上面有 8 个齿，而每个齿上都缠上了一个线圈绕组，正对着的 2 个齿上的绕组又是串联在一起的，也就是说正对着的 2 个绕组总是会同时导通或关断，如此就形成了 4 相，在图中分别标注为 A - B - C - D，这就是“4 相”的概念。

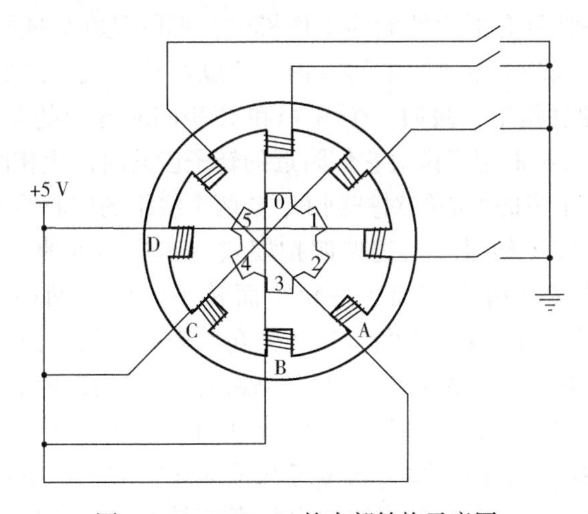

图 3-39　28BYJ-48 的内部结构示意图

现在分析一下28BYJ-48型步进电机的工作原理：假定电机的起始状态如图3-39所示，逆时针方向转动，起始时是B相绕组的开关闭合，B相绕组导通，那么导通电流就会在正上和正下两个定子齿上产生磁性，这两个定子齿上的磁性就会对转子上的0和3号齿产生最大的吸引力，就会如图3-39所示的那样，转子的0号齿在正上、3号齿在正下而处于平衡状态；此时我们会发现，转子的1号齿与右上的定子齿也就是C相的一个绕组呈现一个很小的夹角，2号齿与右边的定子齿也就是D相绕组呈现一个稍微大一点的夹角，很明显这个夹角是1号齿和C相绕组夹角的2倍，同理，左侧的情况也是一样的。

接下来，我们将B相绕组断开，而使C相绕组导通，那么很明显，右上的定子齿将对转子1号齿产生最大的吸引力，而左下的定子齿将对转子4号齿产生最大的吸引力，在这个吸引力的作用下，转子1、4号齿将对齐到右上和左下的定子齿上而保持平衡，如此，转子就转过了起始状态时1号齿和C相绕组那个夹角的角度。

再接下来，断开C相绕组，导通D相绕组，过程与上述的情况完全相同，最终将使转子2、5号齿与定子D相绕组对齐，转子又转过了上述同样的角度。那么很明显，当A相绕组再次导通，即完成一个B－C－D－A的四节拍操作后，转子的0、3号齿将由原来的对齐到上下2个定子齿上，而变为了对齐到左上和右下的2个定子齿上，即转子转过了一个定子齿的角度。以此类推，再来一个四节拍，转子就将再转过一个齿的角度，8个四节拍以后转子将转过完整的一圈，而其中单个节拍使转子转过的角度很容易就计算出来了，即$360°/(8\times4)=11.25°$，这个值就叫作步进角度。而上述这种工作模式就是步进电机的单四拍模式——单相绕组通电四节拍。

最后讲解一种具有更优性能的工作模式，那就是在单四拍的每两个节拍之间再插入一个双绕组导通的中间节拍，组成八拍模式。例如，在从B相导通到C相导通的过程中，假如一个B相和C相同时导通的节拍，这个时候，由于B、C两个绕组的定子齿对它们附近的转子齿同时产生相同的吸引力，这将导致这两个转子齿的中心线对齐到B、C两个绕组的中心线上，也就是新插入的这个节拍使转子转过了上述单四拍模式中步进角度的一半，即5.625°。这样一来，就使转动精度增加了一倍，而转子转动一圈则需要$8\times8=64$(拍)。另外，新增加的这个中间节拍还会在原来单四拍的两个节拍引力之间又加一把引力，从而可以大大增加电机的整体扭力输出，使电机更“有劲”。

除了上述的单四拍和八拍的工作模式外，还有一种双四拍的工作模式——双绕组通电四节拍。其实就是将八拍模式中的两个绕组同时通电的那四拍单独拿出来，而舍弃掉单绕组通电的那四拍而已。其步进角度同单四拍模式是一样的，但由于它是两个绕组同时导通，所以扭矩会比单四拍模式大，在此就不做过多解释了。

八拍模式是这类 4 相步进电机的最佳工作模式，能最大限度地发挥电机的各项性能，也是绝大多数实际工程中所选择的模式，因此重点讲解如何用单片机程序来控制电机按八拍模式工作。

3.6.5 让电机转起来

首先重新观察一下上面的步进电机外观图和内部结构图：步进电机一共有 5 根引线，其中红色的是公共端，连接到 5 V 电源，接下来的橙、黄、粉、蓝就对应了 A、B、C、D 相；那么如果要导通 A 相绕组，就只需将橙色线接地即可；若要导通 B 相，则黄色接地，以此类推；再根据上述单四拍和八拍工作过程的讲解，可以得出绕组控制顺序，见表 3-13。

表 3-13 八拍模式绕组控制顺序

引线	1	2	3	4	5	6	7	8
P1－红	VCC	VCC	VCC	VCC	VCC	VCC	VCC	VCC
P2－橙	GND	GND						GND
P3－黄		GND	GND	GND				
P4－粉				GND	GND	GND		
P5－蓝						GND	GND	GND

实验板上控制步进电机部分是和板子上的显示控制译码器部分复用的 P1.0～P1.3，通过调整跳线帽的位置可以让 P1.0～P1.3 控制步进电机的四个绕组，如图 3-40 所示。

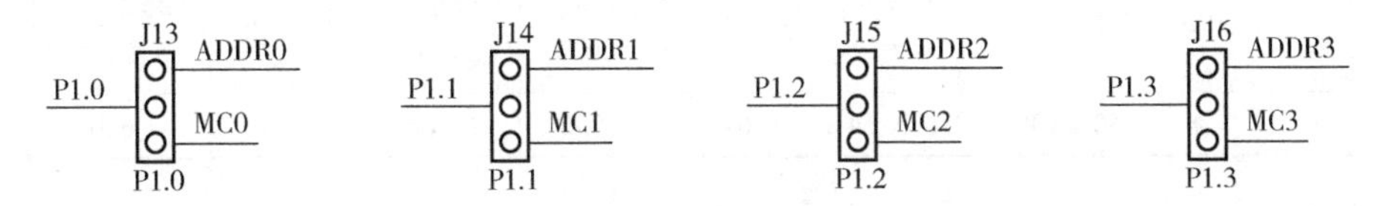

图 3-40 显示控制译码器与步进电机的选择跳线

如果要使用电机，则需要将 4 个跳线帽都调到跳线组的左侧（开发板上的实际位置），即左侧针和中间针连通（对应原理图中的中间和下边的针），就可以使用 P1.0～P1.3 控制步进电机了，如要再使用显示部分，就要再换回到右侧了。那如果既想让显示部分正常工作，又想让电机工作，该怎么办呢？跳线帽保持在右侧，用杜邦线将步进电机的控制引脚（左侧的排针）连接到其他的暂不使用的单片机 I/O 上即可，其步进电机的控制电路如图 3-41 所示。

诚然，单片机的 I/O 口可以直接输出0 V 和5 V 的电压，但是电流驱动能力，也就是带载能力非常有限，所以在每相的控制线上都增加一个三极管来提高驱动能力。由图3-41中可以看出，若要使 A 相导通，则必须是 Q2 导通，此时 A 相也就是橙色线应接地，于是 A 相绕组导通，单片机 P1 口低 4 位应输出 0b1110，即 0xE；如要 A、B 相同时导通，那么就是 Q2、Q3 导通，P1 口低4 位应输出 0b1100，即 0xC，以此类推，可以得到下面八拍节拍的 I/O 控制代码数组：

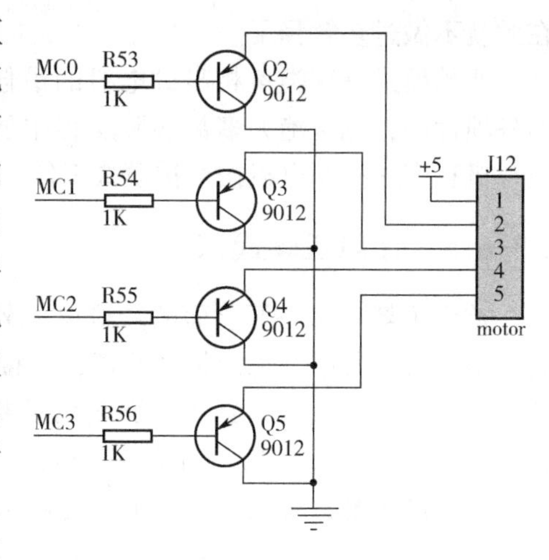

图 3-41　步进电机的控制电路

unsigned char code BeatCode[8] = {0xE,0xC,0xD,0x9,0xB,0x3,0x7,0x6};

到这里，似乎所有的逻辑问题都解决了，循环将这个数组内的值送到 P1 口就行了。但是，只要再深入想一下就会发现还有个问题：多长时间送一次数据，也就是说一个节拍要持续多长时间合适呢？是随意的吗？当然不是了，这个时间是由步进电机的启动频率决定的。启动频率，就是步进电机在空载情况下能够正常启动的最高脉冲频率，如果脉冲频率高于该值，步进电机就不能正常启动。表 3-14 就是由厂家提供的步进电机参数表。

表 3-14　28BYJ-48 步进电机参数表

供电电压/V	相数	相电阻/Ω	步进角度/(°)	减速比	启动频率 P. P. S	转矩/(g・cm)	噪声/dB	绝缘介电强度/VAC
5	4	50 ± 10%	5. 625/64	1:64	≥550	≥300	≤35	600

表 3-14 中给出启动频率的参数是≥550，单位是 P. P. S，即每秒脉冲数，这里的意思就是说：电机保证在每秒给出 550 个步进脉冲的情况下，可以正常启动。那么换算成单节拍持续时间就是 1/550 = 1. 8 （ms），为了让电机能够启动，我们控制节拍刷新时间大于 1. 8 ms 就可以了。有了这个参数，就可以动手写出最简单的电机转动程序了，具体如下：

```
#include <reg52. h>
unsigned char code BeatCode[8] = {   //步进电机节拍对应的 I/O 控制代码
  0xE,0xC,0xD,0x9,0xB,0x3,0x7,0x6
};
```

```
void delay( );
void main( )
{
  unsigned char tmp;                      //定义一个临时变量
  unsigned char index =0;                 //定义节拍输出索引
  while(1)
  {
    tmp = P1;                             //用 tmp 将 P1 口当前值暂存
    tmp = tmp & 0xF0;                     //用 & 操作清零低 4 位
    tmp = tmp|BeatCode[index];            //用|操作将节拍代码写到低 4 位
    P1 = tmp;
                //将低 4 位的节拍代码和高 4 位的原值送回 P1
    index ++;                             //节拍输出索引递增
    index = index & 0x07;                 //用 & 操作实现到 8 归零
    delay( );                             //延时 2 ms,即 2 ms 执行一拍
  }
}
/* 软件延时函数,延时约 2 ms */
void delay( )
{
  unsigned int i =200;
  while (i--);
}
```

3.6.6　转动精度与深入分析

单片机烧写如以上程序后，步进电机转是转了，但是不是感觉有点儿不太对劲呢？太慢了？根据本章开头讲解的原理，八拍模式时步进电机转过一圈需要 64 个节拍，而程序中每个节拍持续 2 ms，那么转一圈就应该是 128 ms，即 1 s 钟转 7 圈多，可怎么看上去它好像是 7 s 多才转了一圈呢？是时候可以了解“永磁式减速步进电机”中这个“减速”的概念了。图 3-42所示为 28BYJ-48 步进电机内部齿轮示意图，从图中可以看到，位于最中心

图 3-42　28BYJ-48 步进电机内部齿轮示意图

的那个小齿轮才是步进电机的转子输出，64 个节拍只是让这个小齿轮转了一圈，然后它带动直接与它啮合的大齿轮，这就是一级减速。大家看一下右上方的白色齿轮的结构，除电机转子和最终输出轴外的 3 个传动齿轮都是这样的结构，由一层多齿和一层少齿构成，而每一个齿轮都用自己的少齿层去驱动下一个齿轮的多齿层，这样每 2 个齿轮都构成一级减速，一共就有了 4 级减速，那么总的减速比是多少呢？即转子要转多少圈最终输出轴才转一圈呢？

正如电机参数表中的减速比这个参数——1:64，转子转 64 圈，最终输出轴才会转一圈，也就是需要 64×64＝4 096（个）节拍输出轴才转过一圈，2×4 096＝8 192（ms），8 s 多才转一圈，4 096 个节拍转动一圈，那么一个节拍转动的角度——步进角度就是 360°/4 096，看一下表中的步进角度参数 5.625°/64，算一下就知道这两个值是相等的，一切都已吻合了。在没有精密仪器的情况中，我们希望让它多转几个整圈，看看它最后停下的位置还是不是原来的位置。对应地，将程序修改一下，以方便控制电机转过任意的圈数。

```
#include <reg52.h>
void TurnMotor(unsigned long angle);
void main()
{
    TurnMotor(360*25);   //360°*25,即 25 圈
    while (1);
}
/* 软件延时函数,延时约 2 ms */
void delay()
{
    unsigned int i=200;
    while (i--);
}
/* 步进电机转动函数,angle - 需转过的角度 */
Void TurnMotor(unsigned long angle)
{
    unsigned char tmp;          //临时变量
    unsigned char index=0;      //节拍输出索引
    unsigned long beats=0;      //所需节拍总数
    unsigned char code BeatCode[8]={   //步进电机节拍对应的 I/O 控制代码
      0xE,0xC,0xD,0x9,0xB,0x3,0x7,0x6
    };
```

```
    beats = (angle * 4096)/360;        //计算需要的节拍总数,4 096 拍对应一圈
    while(beats - -)                   //判断 beats 不为 0 时执行循环,然后自减 1
    {
      tmp = P1;                        //用 tmp 将 P1 口当前值暂存
      tmp = tmp & 0xF0;                //用 & 操作清零低 4 位
      tmp = tmp|BeatCode[index]; //用|操作将节拍代码写到低 4 位
      P1 = tmp;                        //将低 4 位的节拍代码和高 4 位的原值
                                         送回 P1
      index ++ ;                       //节拍输出索引递增
      index = index & 0x07;            //用 & 操作实现到 8 归零
      delay( );                        //延时 2 ms,即 2 ms 执行一拍
    }
    P1 = P1|0x0F;  //关闭电机所有的相
}
```

上述程序中，我们先编写了一个控制电机转过指定角度的函数，这个角度值由函数的形式参数给出，然后在主函数中就可以方便地通过更改调用时的实际参数来控制电机转过任意的角度了。我们用了 360° ×25，也就是25 圈，当然你也可以随意改为其他的值，看看是什么结果。我们的程序会执行 25 ×8 =200 （s）的时间，先记下输出轴的初始位置，然后上电并耐心等它执行完毕，看一下，是不是有误差？怎么回事，哪儿出问题了，不是说能精确控制转动量吗？

这个问题其实是出在了减速比上，再来看一下，厂家给出的减速比是1:64，不管是哪个厂家生产的电机，只要型号是 28BYJ-48，其标称的减速比都是 1:64。但实际上呢？经过拆解计算发现：真实准确的减速比并不是1:64，而是 1:63.684！得出这个数据的方法也很简单，实际数一下每个齿轮的齿数，然后将各级减速比相乘，就可以得出结果了，实测的减速比为(32/9) ×(22/11) ×(26/9) ×(31/10) ≈63.684，从而得出实际误差为 0.004 9，即约为 0.5%，转 100 圈就会差出半圈，那么我们刚才转了 25 圈，也就差了 1/8 圈，即 45°，看一下刚才的误差是 45°吧。那么，按照 1:63.684 的实际减速比可以得出转过一圈所需要节拍数是 64 ×63.684≈4 076。将上面程序中电机驱动函数里的4 096 改成 4 076 再试一下吧。是不是看不出丝毫的误差了？但实际上误差还是存在的，因为上面的计算结果都是约等得出的，实际误差大约是0.000 056，即 0.005 6%，转一万圈才会差出半圈，已经可以忽略不计了。

那么厂家的参数为什么会有误差呢？难道厂家不知道吗？要解释这个问题，就得回到实际应用中，步进电机最通常的目的是控制目标转过一定的角

度，通常都是在360°以内，而这个28BYJ-48最初的设计目的是用来控制空调的扇叶，扇叶的活动范围不会超过180°，所以在这种应用场合下，厂商给出一个近似的整数减速比1∶64已经足够精确了，这也是合情合理的。然而，正如我们的程序那样，不一定是要用它来驱动空调扇叶，而是可以让它转动很多圈来干别的，这个时候就需要更为精确的数据了，这也是希望同学们都能了解并掌握，就是说我们要能自己“设计”系统并解决其中发现的问题，而不要被所谓的“现成的方案”限制住思路。

3.7　常用开发工具及使用

工欲善其事，必先利其器，做机电自动控制系统开发的时候，不管是调试电路还是调试程序，都需要借助一些辅助工具来帮助查找和定位问题，从而帮助我们顺利解决问题。没有任何辅助工具的单片机，项目开发很可能就是无法完成的任务，不过好在实际上我们总是有很多种工具可用。本节就要介绍一些最常用的单片机项目开发辅助工具，学习它们的使用方法，让它们帮助我们进行项目的开发和调试。

3.7.1　万用表

万用表也称多用表、复用表等，是电子工程师最基本也是最不可或缺的测量工具。它的基本功能包括：测量交直流电压、交直流电流、电阻阻值，检测二极管极性，测试电路通断，等等。有些高档一点的还会包含电容容值测量、三极管测试、脉冲频率测量等。万用表大体可分为两类：指针万用表和数字万用表，先通过图3-43来认识一下它们。

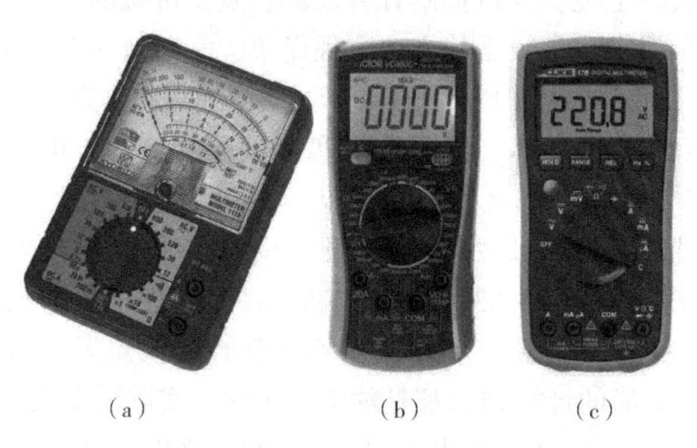

（a）　　（b）　　（c）

图3-43　指针万用表、数字万用表、自动量程万用表

目前，指针万用表基本上已经被淘汰了，只在某些特殊场合才能见到

（如科研和教学机构），而数字万用表是当今的绝对主流。图3-43（c）的自动量程万用表也是数字万用表的一种，顾名思义，它能自动切换量程，就不用你自己再手动拨动了，但挡位（指电压、电流、电阻等这些不同的测量项目）还是要手动拨的，无疑自动量程万用表更高级一点，用起来也更省事。我们下面以手动量程的数字万用表为例来讲解万用表的使用方法，自动量程万用表更简单，所以不再讲述。

3.7.2　万用表的使用方法

要使用万用表完成一项实际的测量工作，除了要有图3-43的万用表的主体机身之外，还要有两支表笔才行，表笔通常都是一支黑色、一支红色，如图3-44所示。

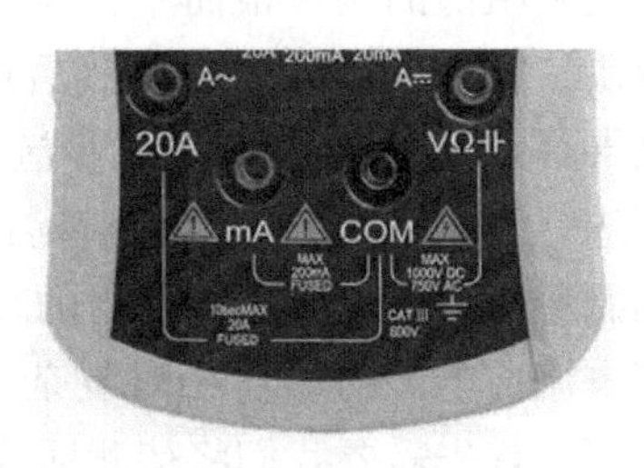

图3-44　万用表表笔、机身上的表笔插孔特写

对照图3-44中的表笔插孔，使用万用表进行具体测量时，黑色表笔要插到标有“COM”的黑色插孔里，而红色表笔根据测量项目的不同，插到不同的插孔：测量小电流（≤200 mA）信号时插到“mA”插孔，测量大电流（大于200 mA）信号时插到“20 A”插孔，其余测量项目均插到标有“VΩ”的插孔。要特别注意：进行不同测量项目时，千万不要插错了位置！

插好表笔之后还要选择挡位和量程，靠机身中间的挡位旋钮开关来实现，如图3-45所示。

围绕旋钮开关的一圈分为多个挡位：电阻Ω、电容F、关闭OFF、三极管hFE、直流电压V—、交流电压V～、直流电流A—、交流电流A～、二极管、通断。有的挡位不分量程，而有的挡位则包含多个量程，看图即可一目了然。下面我们介绍几个最常用挡位的使用方法。

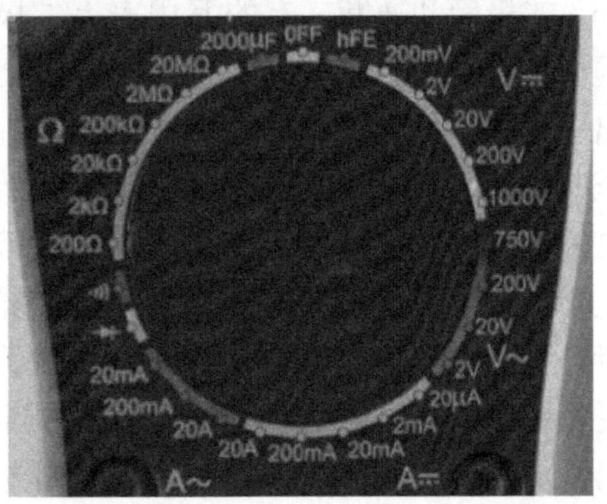

图3-45　万用表挡位开关

交直流电压：交流和直流电压

的测量方法是完全相同的，仅根据具体的被测信号选择不同的挡位量程即可。首先在测量前对被测信号的幅值应该有一个大概的评估，然后根据这个大概值去选择挡位：如照明电是 220 V 交流，那么选择交流电压 750 V 挡位（绝不能选择低于被测信号最大值的挡位，以免损坏万用表）；单片机系统多数都在 5 V 以下，那么选择直流电压 20 V 挡位。选择好挡位后就可以将表笔接入被测系统了，如果是交流电压，自然就无所谓方向了，两支表笔的地位也就是等同的了，将它们分别接触到两个被测点上即可。如果是直流信号，那么最好是红色表笔接电压高的一点，而黑色表笔接电压低的一点。有时候我们习惯上只说某一点的电压是多少，而不是说哪两点之间的电压是多少，其实此时这某一点都是针对参考地来说的，即该点和参考地之间的电压，那么通常来说黑表笔就是接触到参考地上的了。

电阻：电阻阻值的测量很简单，先将挡位开关打到 Ω 挡，如果不知道大概的阻值范围，就选择最大量程，然后用两支表笔分别接触待测电阻的两端即可，根据屏幕显示的数值可进一步选择更加合适的量程。值得一提的是，多数万用表进行测量时都有一个反应时间，慢的话需要等上几秒才能显示出一个稳定的测量值，所以大家在使用的时候要有耐心。

交直流电流：电流的测量相对复杂一点，因为测量电流要将万用表串联到回路中。那么首先需要我们将待测回路在某一个点上断开，将红表笔从 VΩ 插孔换到 mA 或 20 A 插孔中（同理根据事先大概的评估来选择，如无把握就选择 20 A 孔，如实测数值很小则再换到 mA 孔），将挡位开关打到 mA 或 20 A 挡位上，然后用万用表的两支表笔分别接触断点的两端，也就是用表笔和万用表本身将断开的回路再连起来，这样万用表就串在原来的回路中了，此时就可以在屏幕上读到电流的测量值了。需要特别注意的一点是：当每次测量完电流后，都必须将插在电流插孔上的红表笔插回到 VΩ 插孔，以免其他人随后拿去测其他信号时造成意外短路，损坏被测设备或万用表。

二极管和通断：有的万用表上二极管和通断是同一个挡，有的是分开的两个，这从一个侧面说明它们在原理上是相同的。万用表从两支表笔之间输出一个很小的电流信号，通常为 1 mA 或更小，然后测量两支表笔之间的电压，如果这个电压值很小，小到几乎为 0，那么就可以认为此时两支表笔之间是短路的，即被测物是连通的导线或等效阻值很小而近似通路；反之，如果这个电压值很大以致超量程了（通常屏幕会在高位显示一个 1 后面是空白或者是 OL 之类的提示），那么就可以认为两支表笔之间的被测物是断开的或者说是绝缘的，这就是通断功能。通常当万用表检测到短路（“通”）时还会发出提示声音。那么二极管呢，同样是这个原理，如果测到的电压值大约等于一个 PN 结的正向导通电压（硅管 0.5 ~ 0.7 V、锗管 0.2 ~ 0.3 V），那么说明此时与红表笔接触的就是二极管的阳极，黑表笔接触的就是二极管的阴极；反之，如果显示超量程，那么说明二极管接反了，你需要反过来再测，如果正反电压都很小，或者都很大，那么说明二极管可能是坏了。

介绍完万用表最常用的功能和使用方法，再来看它在单片机开发中能起到什么作用。当你辛辛苦苦搭建好了一套单片机系统，满怀期待地上电，而它却出现问题时，该怎么办呢？首先就要检查电源是否正常：用万用表的直流电压挡测量单片机的供电电源，看是否是在5 V左右（以5 V单片机系统为例，其他电压的系统请对号入座），以先确定作为整个系统基础的电源是否有故障。然后再检查复位信号电压是否正常、其他控制信号电压是否正常等。一步步查找，一步步排除问题，在查找排除问题的过程中，通断功能就是一个很好的帮手，它可以告诉你电路板的哪条线路是通的，哪条线路没通上，或是哪条线路对地或对其他线路短路了，等等。而其他的电阻、电流、频率等也都各有用处，只是不像电压和通断如此常用，此处就不再赘述了，大家在实践中慢慢体会。

3.7.3　示波器

示波器就是显示波形的机器，它还被誉为“电子工程师的眼睛”。它的核心功能就是为了将被测信号的实际波形显示在屏幕上，以供工程师查找定位问题或评估系统性能等。它的发展同样经历了模拟和数字两个时代，还是先来看图3-46认识一下吧。

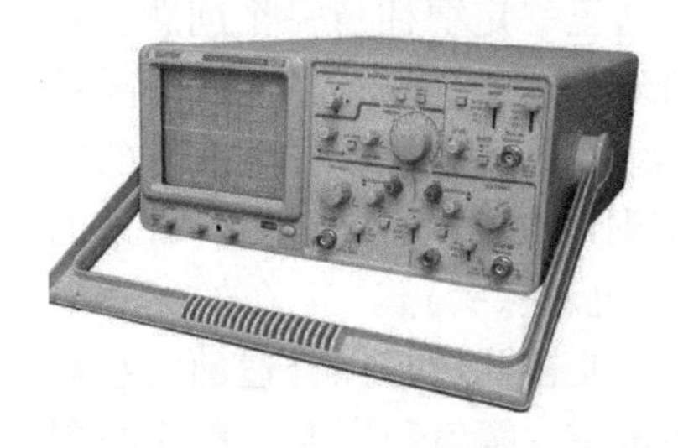
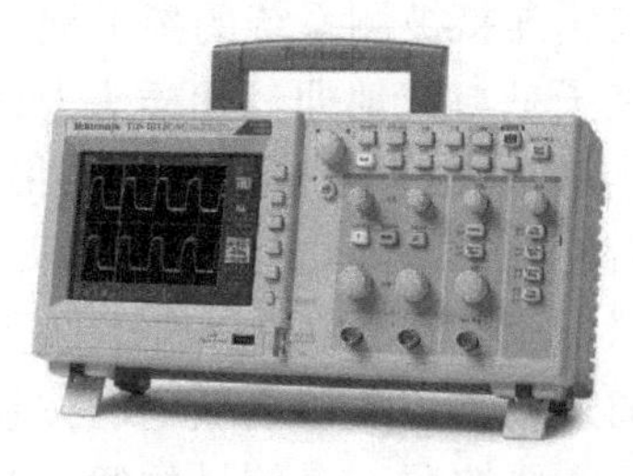

图3-46　模拟示波器、数字示波器、示波器探头

目前，模拟示波器已基本上被淘汰了，现在常用数字示波器。同理，我们也只以数字示波器为例来加以讲解。

数字示波器更准确的名称是数字存储示波器，即DSO（digital storage oscilloscope）。这个“存储”不是指它可以将波形存储到U盘等介质上，而是针对于模拟示波器的即时显示特性而言的。模拟示波器靠的是阴极射线管（CRT，俗称电子枪）发射出电子束，而这束电子在根据被测信号所形成的磁场下发生偏转，从而在荧屏上反映出被测信号的波形，这个过程是即时的，

中间没有任何的存储过程。而数字示波器的原理却是这样的：首先示波器利用前端 ADC（模数转换器）对被测信号进行快速采样，这个采样速度通常都可以达到每秒几百 M 到几 G 次，是相当快的；而示波器的后端显示部件是液晶屏，液晶屏的刷新速率一般只有几十到一百多赫兹；如此，前端采样的数据就不可能实时地反应到屏幕上，于是就诞生了存储这个环节：示波器将前端采样来的数据暂时保存在内部的存储器中，而显示刷新的时候再来这个存储器中读取数据，用这级存储环节解决前端采样和后端显示之间的速度差异。

很多人在第一次见到示波器的时候，可能会被它面板上众多的按钮唬住，再加上示波器一般身价都比较高，所以对使用它就产生了一种畏惧情绪。这是不必要的，因为示波器虽然看起来很复杂，但实际上要使用它的核心功能——显示波形并不复杂，只要三四个步骤就可以了，而现在示波器的复杂都是因为附加了很多辅助功能造成的，这些辅助功能自然都有它们的价值，熟练灵活地应用它们可以起到事半功倍的效果。但作为初学者，我们只将它最核心的、最基本的功能应用起来即可。

3.7.4 示波器的使用

跟万用表类似，要使用示波器，首先也得将它和被测系统相连，用的是示波器探头，如图 3-46 最右侧的图所示。示波器一般都会有 2 个或 4 个通道（通常都会标有 1 ~4 的数字，而多余的那个探头插座是外部触发，一般用不到它），它们的地位是等同的，可以随便选择，将探头插到其中一个通道上，探头另一端的小夹子连接被测系统的参考地（这里一定要注意一个问题：示波器探头上的小夹子是与大地即三相插头上的地线直接连通的，所以如果被测系统的参考地与大地之间存在电压差，将会导致示波器或被测系统的损坏），探针接触被测点，这样示波器就可以采集到该点的电压波形了（普通的探头不能用来测量电流，要测电流得选择专门的电流探头）。

接下来就要通过调整示波器面板上的按钮，使被测波形以合适的大小显示在屏幕上了。只需要按照一个信号的两大要素——幅值和周期（频率与周期在效果上是等同的）来调整示波器的参数即可。负责这两个调整项的旋钮如图 3-47 所示。

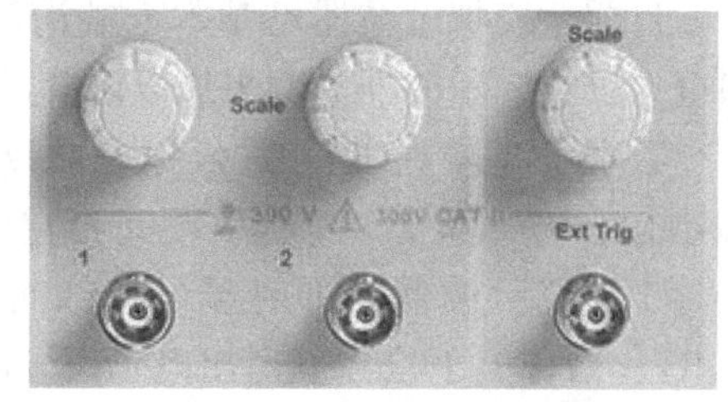

图 3-47　示波器旋钮示意图

如图 3-47 所示，在每个通道插座上方的旋钮就是调整该通道幅值的，即波形垂直方向大小的调整。转动它们，就可以改变示波器屏幕上每个竖格所代表的电压值，所以可称其为“伏格”调整，如图 3-48 中两幅波形对比图所示：左图是1 V/grid，右图是500 mV/grid，左图波形的幅值占了2.5个格，所以是2.5 V，右图波形的幅值占了5个格，也是2.5 V。推荐是将波形调整到右图这个样子，因为此时波形占了整个测量范围的较大空间，可以提高波形测量的准确度和细节还原程度。

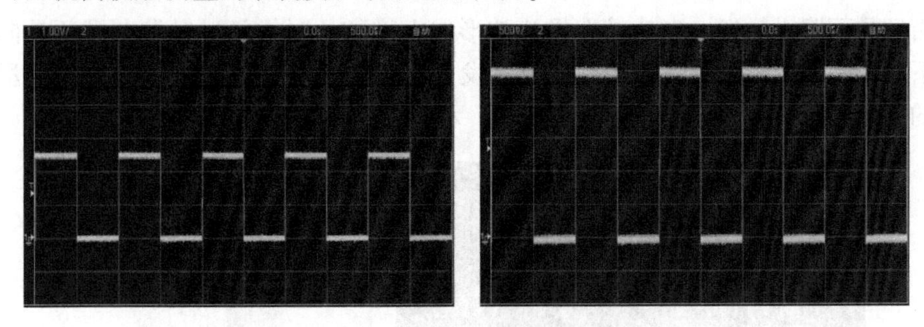

图3-48 示波器伏格调整对比图

除了图3-48通道上方的伏格旋钮外，通常还会在面板上找到一个大小相同的旋钮（不一定像图3-48所示的位置），这个旋钮是调整周期的，即波形水平方向大小的调整。转动它，就可以改变示波器屏幕上每个横格所代表的时间值，所以可称其为“秒格”调整，如图3-49中两幅波形对比图所示：左图是500 μs/grid，右图是200 μs/grid，左图一个周期占2个格，周期是1 ms，即频率为1 kHz，右图一个周期占5个格，也是1 ms，即1 kHz。这里就没有哪个更合理的问题了，具体问题具体对待，它们都是很合理的。

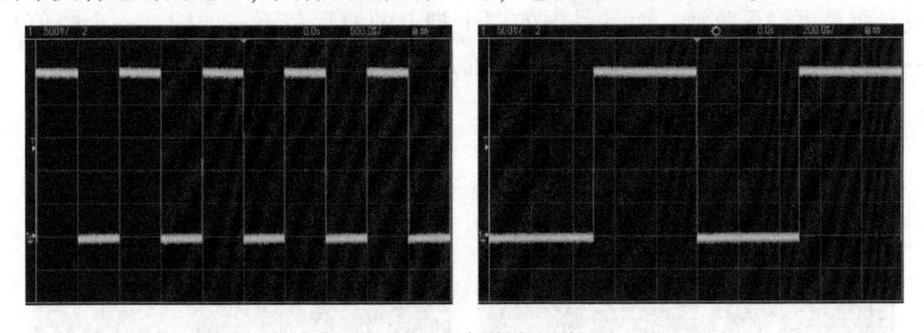

图3-49 波形对比图

很多时候只进行上述两项调整的话，是能看到一个波形，但这却不稳定，左右乱颤，相互重叠导致看不清楚，如图3-50所示。

这就是因为示波器的触发没有调整好的缘故，那么什么是触发呢？简单理解，所谓触发，就是设定一个基准，让波形的采集和显示都围绕这个基准。最常用的触发设置是基于电平的（也可基于时间等其他量，道理相同），可以观察出上面的几张波形图，在左侧总有一个T和一个小箭头，T是触发的意思，这个小箭头指向的位置所对应的电压值就是当前的触发电平。示波器总是在波形经过这个电平的时候，将之前和之后的一部分存储并最终显示出来。而图3-50中无论如何波形也不会经过T所指的位置，即永远达不到触发电平，所以失去了基准的波形，看上去就不稳定了。

除了可以改变触发电平的值以外，还可以设置触发的方式：如选择上升沿还是下降沿触发，也就是选择让波形向上增加的时候经过触发电平还是向下减小的时候经过触发电平来完成触发，这些设置一般都是通过Trigger栏里的按钮和屏幕旁边的菜单键来完成的，示波器触发旋钮如图3-51所示。

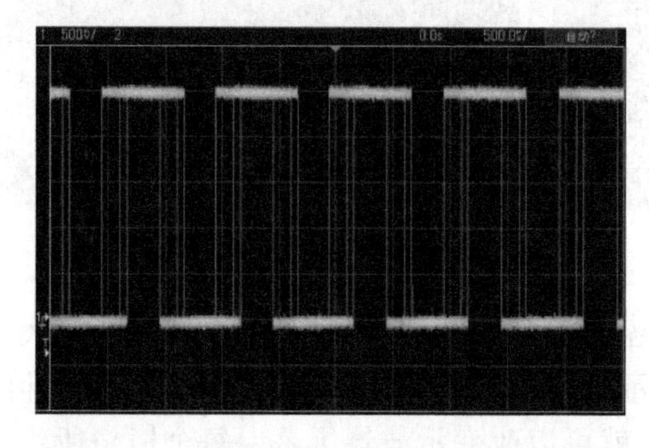

图3-50　示波器触发电平调整不当的示意图

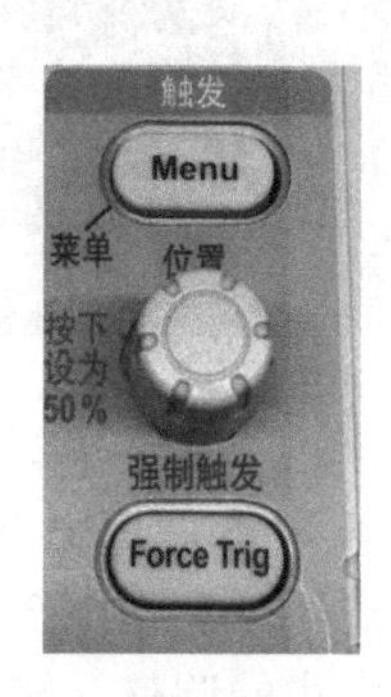

图3-51　示波器触发旋钮

只要经过上述的这三四步，就可以将示波器的核心功能应用起来了，可以用它观察单片机系统的各个信号。比如说上电后系统不运行，就用它来测一下晶振引脚的波形正常与否。需要注意的是，晶振引脚上的波形并不是方波，而是更像正弦波，而且晶振的两个脚上的波形是不一样的，一个幅值小一点的是作为输入，一个幅值大一点的是作为输出，如图3-52所示。

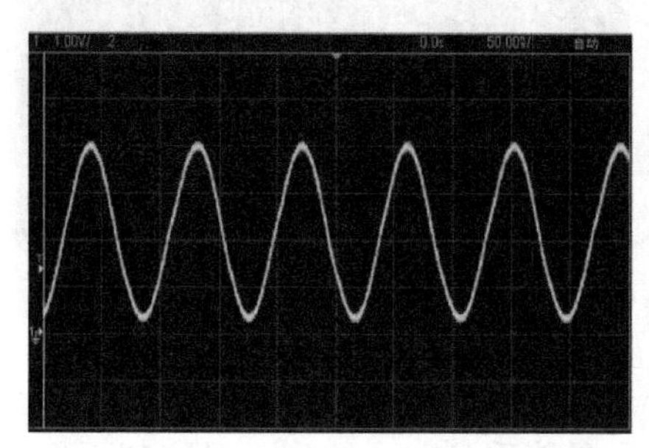

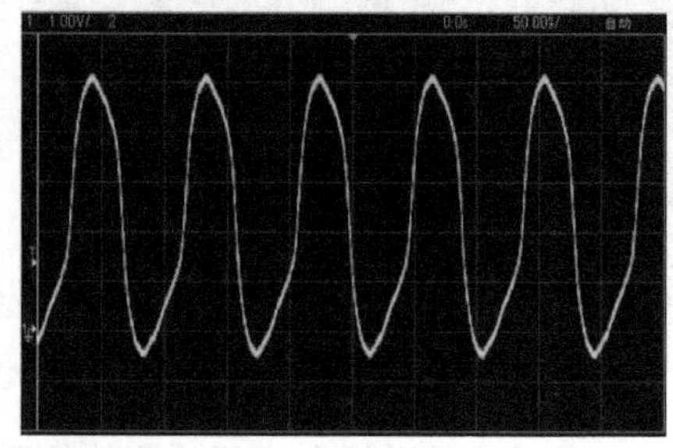

图3-52　示波器实测的晶振波形

第4章

机电综合控制系统设计实例——舞蹈机器人

30年前，比尔·盖茨毅然弃学，创立微软，成为个人电脑普及革命的领军人物；30年后的今天，他预言，机器人即将重复个人电脑崛起的道路。点燃机器人普及的“导火索”，这场革命必将与个人电脑一样，彻底改变这个时代的生活方式。

机器人作为人类20世纪最伟大的发明之一，在短短的几十年内发生了日新月异的变化。近几年机器人已成为高技术领域内具有代表性的战略目标。机器人技术的出现和发展，不但使传统的工业生产面貌发生根本性变化，而且将对人类社会产生深远的影响。随着社会生产技术的飞速发展，机器人的应用领域不断扩展。从自动化生产线到海洋资源的探索，乃至太空作业等领域，机器人可谓是无处不在。目前机器人已经走进人们的生活与工作，并已经在很多的领域代替着人类的劳动，发挥着越来越重要的作用，人们已经越来越离不开机器人的帮助。机器人工程是一门复杂的学科，它集工程力学、机械制造、电子技术、技术科学、自动控制等为一体。目前对机器人的研究已经呈现出专业化和系统化，一些信息学、电子学方面的先进技术正越来越多地应用于机器人领域。

目前机器人行业的发展与30年前的计算机行业极为相似。今天在汽车装配线上忙碌的一线机器人，正是当年大型计算机的翻版。而机器人行业的产品也同样种类繁多，如协助医生进行外科手术的机械臂、在伊拉克和阿富汗战场上负责排除路边炸弹的侦察机器人，以及负责清扫地板的家用机器人，还有不少参照人、狗、恐龙的样子制造的机器人玩具。舞蹈机器人（见图4-1）具有人类外观特征、可爱的外貌，又兼有技术含量，极受青少年的喜爱。笔者从前年开始机器人方面的研究，在这个过程中尝试过很多次的失败，也感受到了无穷的乐趣。

图 4-1　舞蹈机器人

4.1　舞蹈机器人设计的内容和要求

4.1.1　舞蹈机器人设计的内容

随着现代科技的发展，机器人技术已广泛应用于人类社会生活的各个领域，特别是舞蹈机器人具有人类外观特征、可爱的外貌，又兼有技术含量，极受青少年的喜爱。本章尝试设计一具有简单人体功能的、模拟舞蹈动作的类人型机器人，完成简单人体舞蹈的基本动作：可以前进后退，左右侧行，左右转弯和前后摆动手臂，行走频率为每秒两步，举手投足、转圈、头部动作灵活，并具备语音功能。通过语音识别技术，可以对小机器人进行语音控制，通过发出语音命令控制机器人。机器人包括底座、头部、上身、下肢，以及电路控制板，分别控制手臂、头部和底盘运动的电机及传动机构等。通过电路控制和机械传动，可使机器人动作。知识范围涉及机构学、力学、电子学、自动控制、计算机、人工智能等。具体要求有以下几点。

（1）深入了解类人型机器人的功能及工作要求，查找有关的文献资料及参考书目。

（2）学习掌握机构创新设计的基本知识和设计方法，了解控制对象舞蹈机器人的工作原理、动作过程，进行简单的舞蹈动作及相应的机构设计。

（3）根据机器人构成、工作原理、主要特点和技术指标分析比较，加以论证，确定舞蹈机器人运动控制最终方案，完成硬件电路设计、单片机控制程序设计。

（4）制作舞蹈机器人模型，完成各种运动、动作模拟，调试成功。

4.1.2　舞蹈机器人设计的数据和要求

（1）机器人身高 80 ~ 120 cm，表演时机器人随音乐翩翩起舞，动作协调、灵活。

（2）表演各种舞蹈的基本动作，具体动作可自行设计。涵盖行进、转圈、举手投足、头部等动作。

（3）整套动作持续 4 min 左右。

（4）机器人结构紧凑、体积小、重量轻。

（5）灵活的多功能机器手臂：活动空间大，可 360°旋转。

（6）采用电机驱动，运动准确可靠。

4.2　方案设计及方案论证

4.2.1　设计制作与调试流程

设计就是根据用户的要求而对硬件和软件进行规划，并选择最合适的硬件电路和软件程序来达到目的。硬件设计是通过对设计要求的分析，对各种元器件的了解，从而得出分立元件与集成块的某些连接方法，以达到设计的功能要求，并且将这些元器件焊接在一块电路板上。它包括对各种元器件的功能和接法的了解，以及对各种元器件的选择和设计方案的选择。软件设计是分析设计的硬件，用程序实现其功能，并且调试优化产品功能。

机器人的设计首先需作总体方案设计，包括机械和电气两部分。根据机械基础知识，从整体上来讲，机械结构设计必须与机器人所要完成的功能相适应。机械部分设计主要包括底盘设计、尺寸选择、驱动方式设计、电机选择等；电气是机器人最重要的部分，直接影响机器人功能的实现于否。舞蹈机器人要求完全自动控制，必须采用单片机为控制核心，它类似于机器人的大脑，接收和处理所有外界信息，指挥并控制机器人的所有动作。语音识别等功能是制作机器人硬件的难点，它要求机器人具有一定的感觉系统。目前，机器人技术已日趋成熟，机器人感觉系统可通过各种各样相应的传感器技术即可实现。传感器将把接收到的外部信息输入到单片机，再通过软件进行控制，从而单片机发出命令指挥机器人动作。软件编程可以丰富机器人的功能，使机器人动作更加完善。机器人总体方案设计框图如图 4-2 所示。

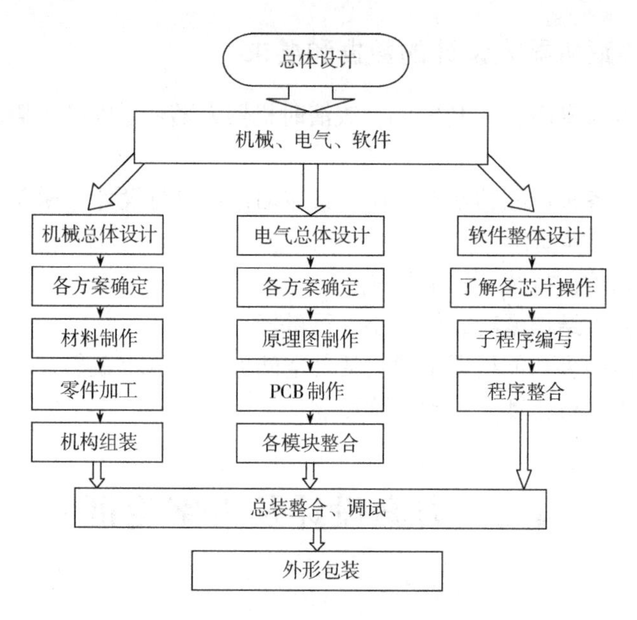

图 4-2　机器人总体方案设计框图

4.2.2　方案的比较论证及方案确定

根据以上的制作流程图，我们将设计分为两大部分——机械部分和电气部分进行论证，对多种方案进行比较论证后，选出一个最佳方案，最后再进行软件部分的设计。

机械部分包括底盘机构的设计、弯腰机构的设计、转身机构的设计、手臂机构的设计、转头机构的设计和材料与型材选择。

底盘机构的设计如下：

(1) 行走机器人简图如图 4-3 所示。

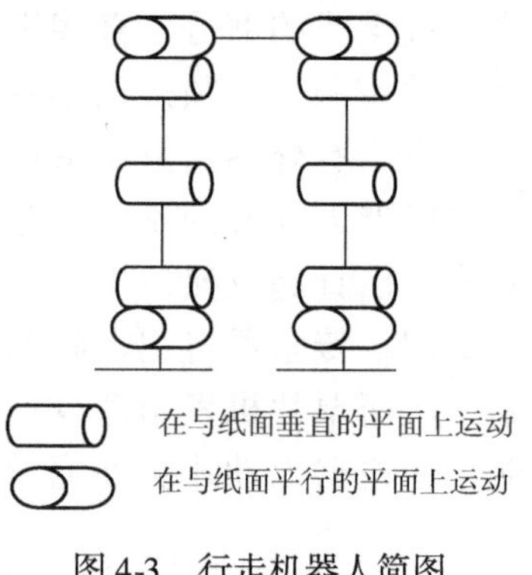

图 4-3　行走机器人简图

行走式机器人能够在平地上、凹凸不平的地上步行，能上下台阶，其粗糙路面性能较好，有好的关节、稳定的牵引力。它的缺点是不能原地转动，速度慢，控制复杂，移动困难，操纵性差，机械复杂，电机性能要求严格，价格昂贵。

（2）移动方式为履带式，简图如图 4-4 所示。

履带式移动方式的特点是运动平稳，适合爬坡度比较大的地方，这是轮式所做不的。但缺点是加工制作比较麻烦，履带一般是需要到市场上购买的，且摩擦力很大，能量损耗也较大。

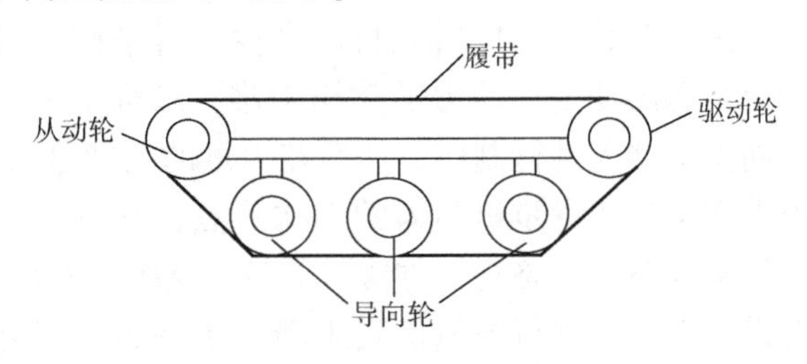

图 4-4　移动方式简图

（3）前轮偏转、后轮驱动移动式简图如图 4-5 所示。

可以实现车体任意定位和定向，可以做到零回转半径，特别是能通过将轮向正交速度方向实现急停。车底盘、四轮、驱动装置、舵机和控制盒的行走信道共同组成行走系统。但由于前后启动惯性不一样，导致机器人的不平衡，特别是重心高的机器人。

（4）轮式差速驱动简图如图 4-6 所示。

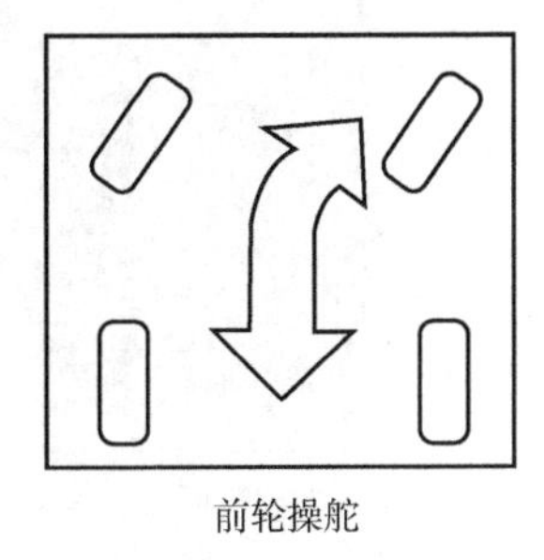

图 4-5　前轮偏转、后轮驱动移动式简图

驱动轮

万向轮

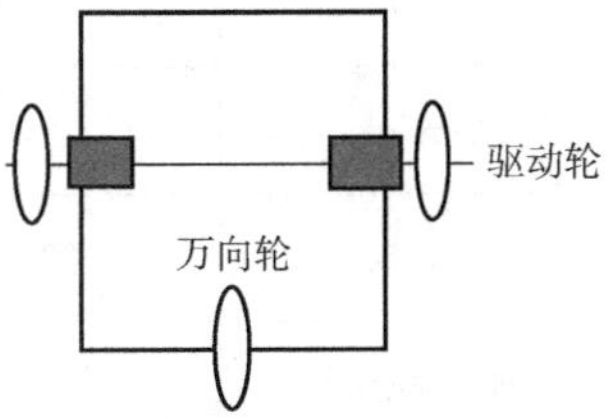

图 4-6　轮式差速驱动简图

此结构采用两个驱动轮、两个万向轮，万向轮用于平衡。机构简单，容易制造及装配；能在原地旋转以获得不同的方向，因此它是比较适合的一种底盘机构。

4.3　交叉足印竞步机器人步行轨迹规划及仿真

交叉足印竞步机器人是 robocup 的一个重要的竞赛项目。交叉足印竞步机器人结构只有双足，用不多于 6 个伺服马达和一块伺服马达控制板来完成，脚底板允许有交叉，机器人最大尺寸为200 mm（长）×100 mm（宽）×300 mm（高）。机器人通过步行的方式从起点线走到终点线（相距200 cm，限宽60 cm）。竞赛开始时，机器人先向前走出3步距离、立正，然后卧下（身体向前）、向前翻跟斗3次，再起立、向前走出3步距离、立正，然后卧下（身体向后）、再向后翻跟斗2次、再起立，然后以轻快步履走向终点。

这种双足步行机器人自由度少，对平衡要求很高。它的最大难题是连续行走步态的规划，动力学建模困难，求解不易。目前本科生制作时主要是模仿同类机器人进行制作，然后花大量的时间进行调试，效率低下且效果较差。根据交叉足印竞步机器人的结构特点，针对这一问题本文采用了一种基于几何约束求解的静态规划方法。并且在ADAMS（机械系统动力学自幼分析）中对设计的步态进行虚拟仿真来验证步态轨迹规划的正确可行性，为制作物理样机提供可靠的结构控制数据。

4.3.1 建模

根据比赛要求，观察各种机器人的结构后，确定关键数据见表4-1，采用solidworks建立步行双足机器模型如图4-7所示。

表4-1 双足机器人设计关键数据

项　目	尺寸/mm
大腿L2	75
小腿L1	69
脚底板	100（宽）
两腿中心距	81

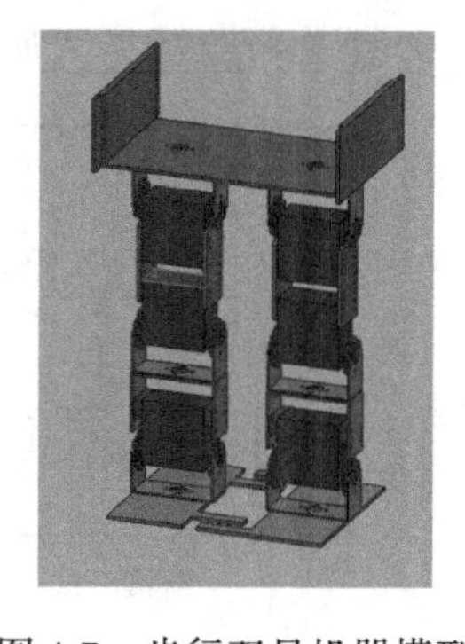

图4-7 步行双足机器模型

4.3.2 步态规划

1. 步态规划简介

步态是指在行进过程中，各个关节在空间和时序上的一种协调关系。双足机器人的步行方式主要有静态步行和动态步行。静态步行是机器人的质心在地面的投影始终在支撑多边形的范围内；动态步行是其ZMP（零力矩点）始终在支撑多边形的范围内。ZMP即机器人重力和惯性力合力的延长线与支撑面的交点。静态步行可行性高，步速较慢；动态步行步速较高，但设计极其复杂。综合考虑，本文采用静态步行设计，然后进行优化。

2. 步态规划的方法

目前，步态规划的算法主要是离线规划，在线规划对实时要求太高。离线规划即根据双足机器人结构的特点，人工生成步态的算法。普遍的步骤是首先采用 D－H 法对双足机器人进行运动学建模，然后进行逆运动学求解。交叉足印竞步机器人仅有前向关节，故无须采用 D－H 法建模，可以直接利用几何性质求解关节脚。

双足机器人运动过程可以分为三个阶段，分别是起步阶段、中步阶段和止步阶段。

起步阶段：双足机器人从静止开始，获得一定的行进速度，是连续行走的准备动作。为了提高起步阶段的稳定性，增加了双腿下蹲的动作。为了减弱和地面的碰撞，同时便于求解关节转角，行走过程中躯干始终竖直，摆动脚脚底板始终与地面平行。具体过程如图 4-8 所示。

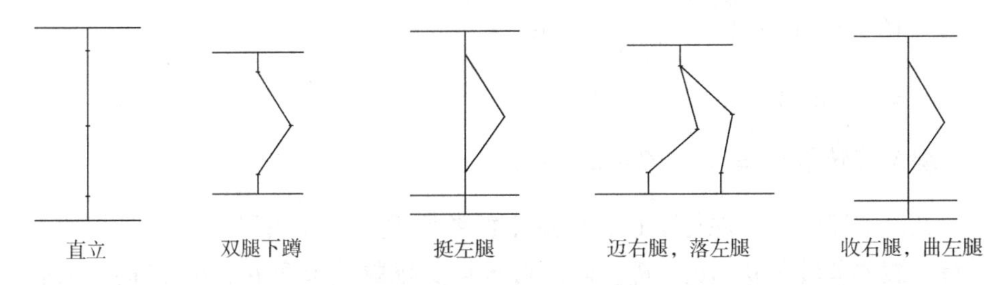

图 4-8　双足机器人前进运动起步阶段示意图

中步阶段：就是两条腿交替作为支撑腿和摆动腿的阶段，具有周期性。现在已经规划好了起步阶段，可以利用该结果而不用直接规划得到中步阶段各个对应关节的转角变化。狭窄双足机器人的每一步行走包括两个步态，即抬起摆动腿前迈、摆动腿收腿。在起步阶段的基础上可以直接实现这两个步态。

止步阶段：该阶段的步态只有三种：摆动腿前迈、摆动腿收腿和挺直所有关节。双脚落地直立，双足机器人回到初始阶段。将中步阶段所选周期的步态完全对应复制，第三个步态将所有转角改为 0 即可。至此，双足机器人前进运动规划完毕。

3. 步行关节角的求解

根据交叉足印机器人的尺寸，设定步高 = 20 mm，步长 = 70 mm，步速 = 4.7 cm/s。规划髋关节 A 的关键点坐标，摆动腿的踝关节 B 的关键点坐标，见表 4-2。

表 4-2　关键点坐标

时　间	A（X, Y）	B（X, Y）
0	(0, 168)	(0, 0)
0.5	(0, 148)	(0, 0)
1.0	(0, 168)	(0, 20)
1.5	(30, 148)	(30, 0)
1.7	(30, 148)	(30, 0)
2.5	(70, 168)	(70, 0)

$\angle ACB = \arccos\left(\dfrac{L_1{}^2 + L_2 - r^2}{2L_1L_2}\right)$，其中 $r = \sqrt{X_A{}^2 + Y_2{}^2 - X_B{}^2}$；

膝关节转角 $\theta_5 = \angle ACE = \pi - \angle ABC$；

$\angle ABC = \arccos\left(\dfrac{L_1{}^2 - L_2{}^2 + r^2}{2L_1 r}\right)$；

$\varphi = \arctan(Y_A/X_A)$；

踝关节转角 $\theta_6 = \angle ABC + \varphi - \dfrac{\pi}{2}$。

又由前述假定条件行走过程中躯干始终竖直，摆动脚脚底板始终与地面平行。髋关节转角 $\theta_4 = \theta_5 - \theta_6$。同理可求得支撑腿关节角 θ_1，θ_2 和 θ_3，然后求出各个位置对应的关节角。至此，本书假定条件行走过程中躯干始终竖直，摆动脚脚底板始终与地面平行。在给定步高、步长、步速的条件下求得了各个关节的转角。为接下来的仿真奠定了基础。

4.3.3　仿真与分析

1. *动力学仿真*

ADAMS，即机械系统动力学自动分析（automatic dynamic analysis of mechanical systems)，该软件是美国 MDI 公司（Mechanical Dynamics Inc.）开发的虚拟样机分析软件。ADAMS 软件使用交互式图形环境和零件库、约束库、力库创建完全参数化的机械系统几何模型，其求解器采用多刚体系统动力学理论中的拉格朗日方程方法，建立系统动力学方程，对虚拟机械系统进行静力学、运动学和动力学分析，输出位移、速度、加速度和反作用力曲线。

针对 ADAMS 建模的不足，将之前在 solidworks 建立的模型导入 ADAMS 中。将 solidworks 建立的模型另存为 parsolid 格式，在 ADAMS 中用 import 命令导入，如图 4-9 所示。在 ADAMS 中，为关节添加铰链接，无相对运动地添加固定连接，建立地面，添加材质，最后结果如图 4-10 所示。

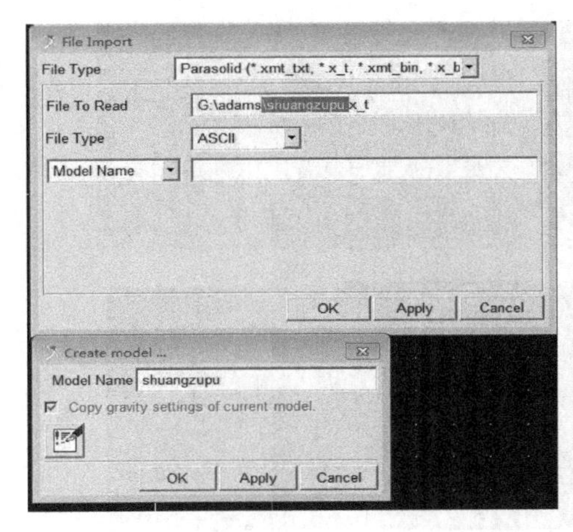

图 4-9　命令导入

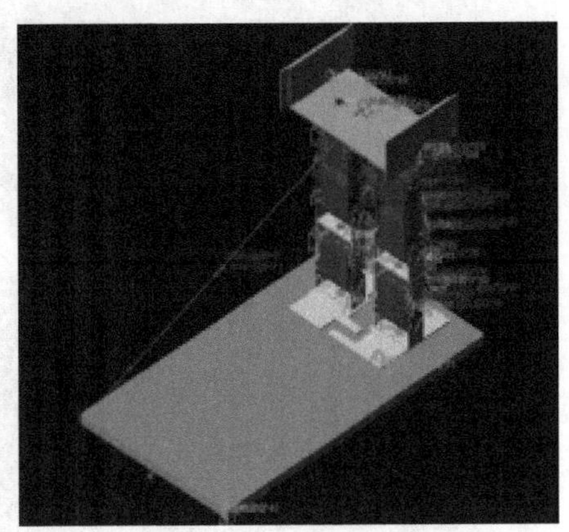

图 4-10　动力学仿真结果

为了使双足机器人行走，必须在脚和地面间添加接触力，设置参数见表 4-3。

表 4-3　接触力

刚度	100 000
贡献系数	1.5
接触阻尼	1 000
定义全阻尼时的穿透值	0.01
静摩擦系数	0.8
动摩擦系数	0.6

接着在关节的铰链接上添加旋转驱动，采用 STEP 函数对之前求出的关键点角度插值后作为旋转驱动函数。如踝关节 θ_1 的驱动函数。

[STEP(time,0,0,0.5,－29.176 9 d)＋STEP(time,0.5,0,1,29.176 9 d)＋STEP(time,1,0,1.5,－12.805 5 d)＋STEP(time,1.5,0,1.7,0 d)＋STEP(time,1.7,0,2.5,－16.371 4 d)]

2. 结果分析

交叉足印竞步机器人仿真结果如图 4-11 所示，从图 4-11 知交叉足印竞步机器人可以平稳地行走，从其他角度观察，脚底板交叉部分无干涉，验证了步态的规划及控制的可行性。

输出各关节的角位移如图 4-12 所示。

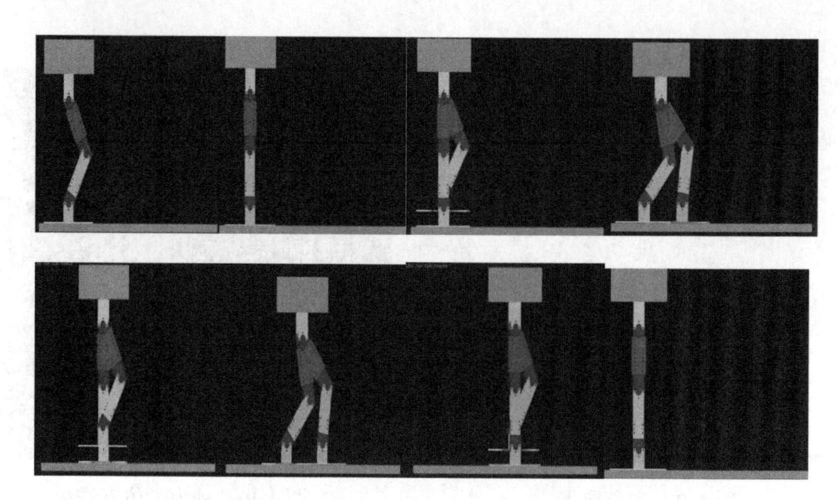

图 4-11　交叉足印竞步机器人仿真结果

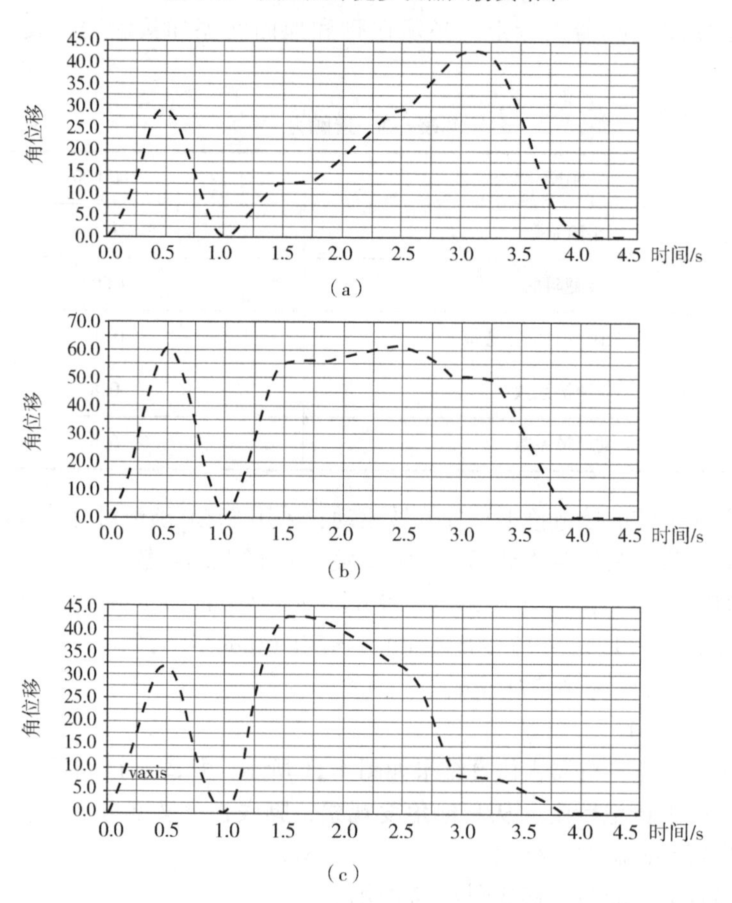

图 4-12　输出各关节的角位移

（a）右髋关节；（b）右膝关节；（c）右踝关节

从各个角度慢速观察动画发现在交叉足印竞步机器人设计中的一个误区。我们一直以为机器人走斜完全是由于制造精度、装配精度、控制精度的原因。在虚拟样机仿真的情况下制造精度、装配精度、控制精度是理想的，速度一旦加快，交叉足印竞步机器人就会有较大的走斜现象。其根本原因是，左右脚底板并非完全对称，惯性力对二者的影响不同造成的。解决这一问题的方法是控制左右腿以不同的速度收腿，以达到走直线的效果。

4.3.4　弯腰机构的设计

腰部的设计思路是，作为人形机器人的腰部，主要是承接上部的重量，设计的时候腰部能做到水平转动最好，如果不能，将会极大地影响整个机器人的平衡；所以尽量减少可变的环节，故在腰部转动的设计中，不采用电机再经传动其他机构最后带动腰部的转动方式，而是直接使用电机实现弯腰。

（1）齿轮机构简图如图 4-13 所示。

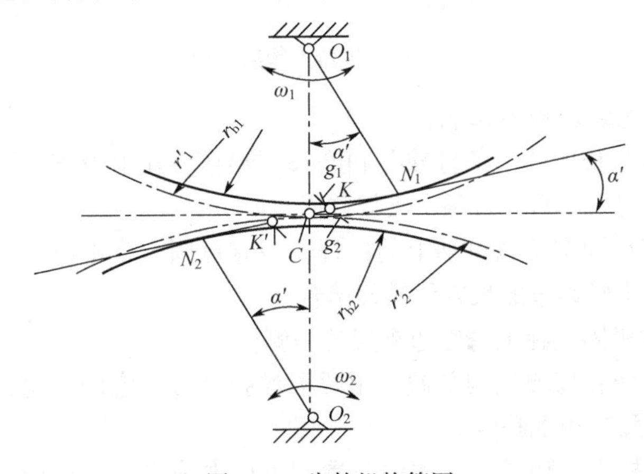

图 4-13　齿轮机构简图

齿轮机构的优点是：平稳，自锁性好，精度高；但加工比较困难，且不利于固定，造价也很高。

（2）连杆机构简图如图 4-14 所示。

连杆机构结构简单，容易实现，更重要的是它的运动规律正好符合人体运动的原理。舞蹈机器人就是采用这样的机构来实现弯腰的。

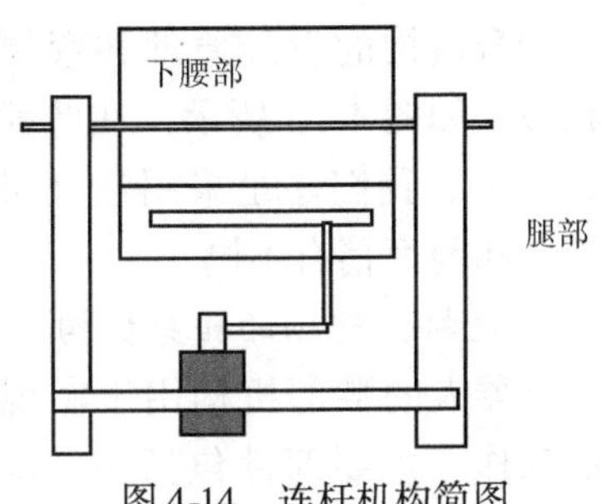

图 4-14　连杆机构简图

（3）连杆机构具体实现方式如下：先通过一根轴穿过鞠躬机构与机器人上半身的两只手臂固定，然后电机通过一个摇杆连接到弯腰机构的一个长方形槽中，在电机转动的过程中，带动鞠躬机构做以手臂固定轴为中心的前后弯腰鞠躬动作，所需的零件包括一根轴、一个带有与轴相同大小的孔和在孔同一侧的开有长方形槽的铝条。并且考虑在这个机构上能够与手臂机构相固定，如图4-15所示。

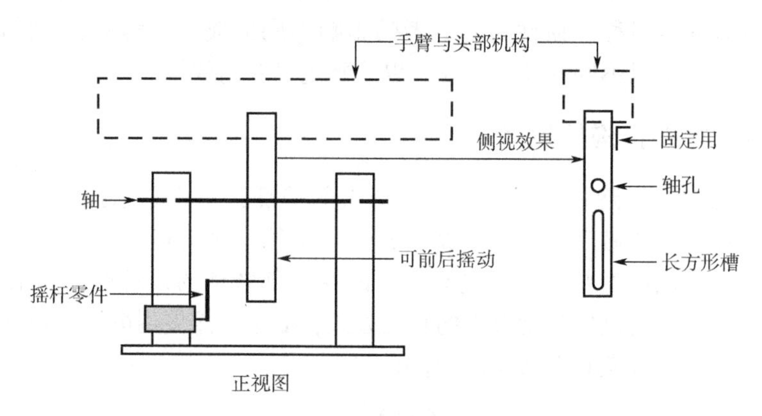

图4-15　机器人鞠躬机构

鞠躬机构的装配顺序如下。

(1) 取适当长度的铝条打轴孔和磨长方形槽，在上身支架两端打相同的孔，轴穿过该铝条后再穿过两个支架并固定好。

(2) 加工可固定于电机轴上的摇杆，一端可固定住电机，另一端固定摇杆的轴并与加工好铝条的长方形槽相结合。

(3) 将电机固定在上身左边支架的一侧。

(4) 为了防止弯腰机构前倾，用两根橡胶带做一定的固定，以使电机拉住机构向下弯腰时更加稳定。

在弯腰机构中，如果将机构的位置和方向调换过来，动作就可变为肩的左右摇摆，因为设计水平有限，没有将两种动作结合在一起的机构设计出来。

4.3.5　转身机构的设计

1. 连杆原理实现的转身机构

转身机构的设计原理和弯腰机构的设计原理相似，如图4-16所示，在此就不做过多的比较论证了。我们还是采用连杆机构，但具体的设计又和前面稍有不同。

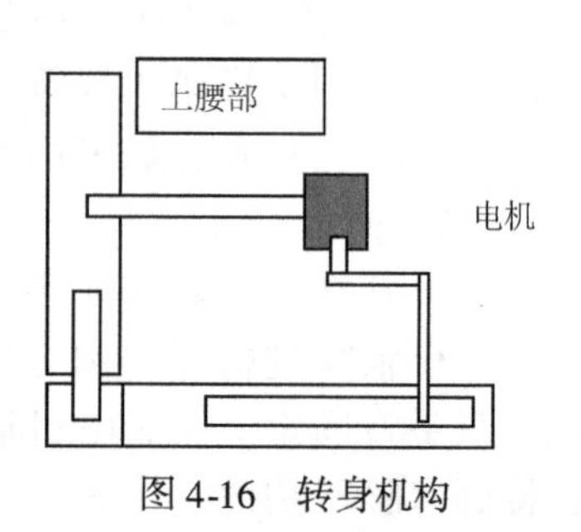

图4-16　转身机构

2. 电机做转轴的转身机构

机器人的腰部机构用于实现机器人左右转身的动作，主要部件包括一个滚动轴承、一个自行加工的可固定滚动轴承内部圆的零件，以及必备的其他固定零件，如图 4-17所示。

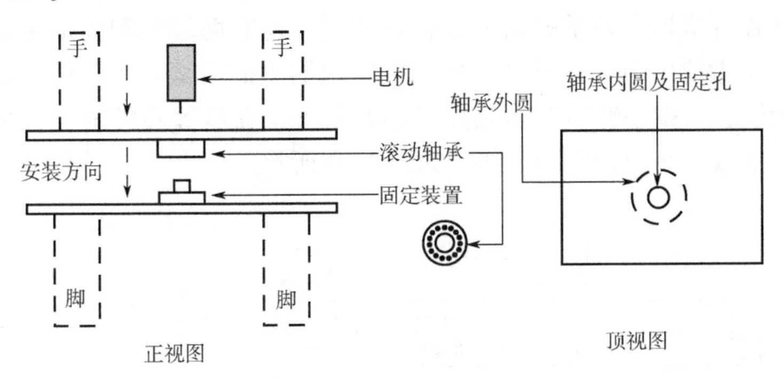

图 4-17　机器人的腰部机构

滚动轴承的特点在于当内圆固定时，外圆可以转动；反之亦然。机器人的腰部机构正是从这个特点出发制作的，要实现机器人腰部左右转动，就让滚动轴承内部圆与可固定电机轴的传动零件固定，同时该零件与机器人下身机构固定，滚动轴承与机器人上身机构固定，再将电机与传动零件固定后又与上身机构固定，这样，在电机转动的过程中，利用轴承的作用，当机器人下身机构不动时，由于上身机构与轴承外圆固定，电机旋转带动了轴承外圆的旋转，于是，机器人上身就绕着轴承中心做转身运动。

这种机构的缺点是：电机轴受力较大，电机容易损坏，同时要求电机有足够的转矩。

4. 3. 6　手臂和头部机构的设计

手臂机构是机器人整体比较重要的环节，手臂自由度较多，机器人的很多动作都是通过手臂体现出来的，如图 4-18 所示。由于头部机构比较简单，在此和手部一起画出来，因为设计要求没有点头动作，我们只要一个电机来达到头部动作就可以了。

手臂机构就是机器人的两只手臂，在本次设计中，将机器人的手部的两个电机与带动机器人头部转动的电机固定在了同一个机构上。同时，将该手臂与前后弯腰的机构相固定，构成机器人的上半身机构的一部分然后，该整体又与机器人的左右支架和腰部机构相结合，一起构成机器人的上半身机构。

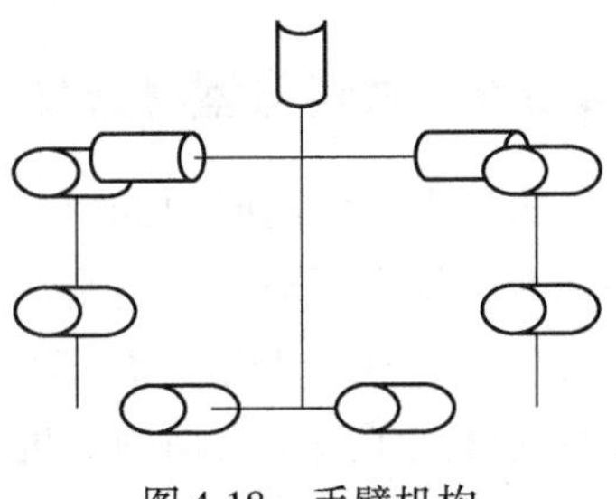

图 4-18　手臂机构

参看做得很好的机器人的例子，机器人

的手臂是机器人复杂程度的重要标志之一。手臂所具有的自由度越多，动作时活动的空间就越大，所做的动作就越精细，完成的任务就越复杂。

本次设计机器人的手臂由一根横杆构成，左右两端分别固定左右手的两个电机，可做前后360°的旋转，中间固定机器人的头部电机，可带动头部做360°的旋转，其中手臂的机构还可以继续扩展，在肩部和臂末端可再扩展两个电机，实现三个自由度的动作。如图4-19所示。

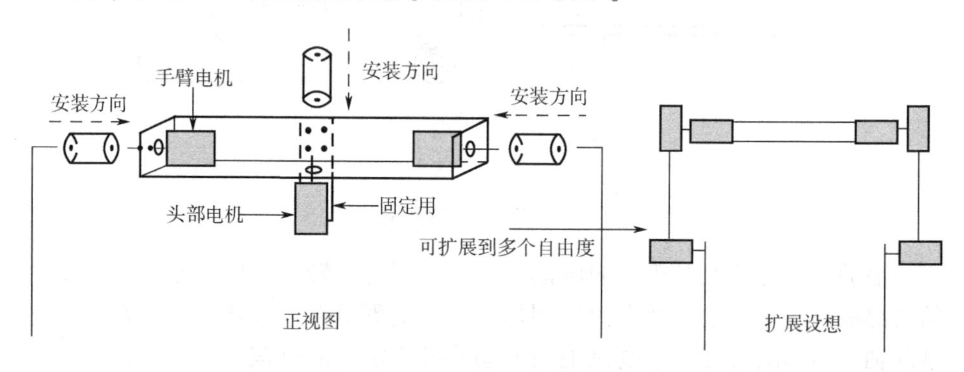

图4-19　机器人的手臂机构

同时，为了防止手臂旋转过度使动作错乱，同左右转腰的机构一样，可在机器人手臂转动限定角度内装上限位开关，以达到动作的一致性。

装配顺序如下。

(1) 选择合适的钢性材料钻好孔后，将左右手两个电机和头部电机固定住。

(2) 将上述做好的机构通过一块钢片钻孔后用螺钉固定在前后弯腰的机构上。

(3) 将两个传动杆固定到左右两个手臂电机上，在传动杆的另一端固定直径大小合适的两根钢轴作为机器人的手臂。

(4) 将一个传动杆固定在机器人的头部电机的轴上，作为机器人可360°转动脖子。

4.3.7　材料与型材选择

机器人制作前必须选择用于机器人本体的主要结构材料。在进行机器人制作时，特别要确定它自身的大小、轻重等，这就需要选择合适的材料来满足要求。对机器人本体材料的选择不仅有助于确定它的强度、重量、尺寸，而且还确定了整体结构的难度水平、可能需要的特殊工具以及达到可接受结果所需要的技术水平。因此，在选择材料时，一般要根据机器人以下原则进行挑选。

（1）零部件的形状、大小有何要求。

（2）零部件需要多大的强度。

（3）要选择多大重量的零部件。

表 4-4 列出机器人结构中使用的材料，比较它们的优缺点。

表 4-4　机器人结构材料优缺点比较

材料	优　点	缺　点
木材	易于获得；价格较低；使用日常工具易于加工；硬木和层压板非常强硬而且坚固	不如塑料或者金属强度大；受潮容易变形；在压力下会有裂缝和碎裂
塑料	强度大而且耐用；有多种形式可选，包括板材和挤压型材；容易获得	遇高温会发生溶化或下陷；某些塑料受到冲击可能会碎裂；有些材料难以获得；性能较好的塑材比较昂贵
金属	强度非常高；铝材有各种方便使用的形状；在高载荷以及高温下也可以保持全方位的稳定性	是所有材料中最重的；制作过程需要电动工具以及锋利的锯条和钻头才能完成；更难以加工；价格比较高

根据以上分析：选择机器人的本体材料应该从机器人的性能要求出发，满足机器人的设计和制作要求。所以，应在充分掌握机器人特性和各组成部分的基础上从设计思想出发。机器人本体是被用来支承、连接、固定机器人的各部分，也包括机器人的运动部分。伴舞机器人臂部是运动的，其整体也是运动的。所以，机器人运动部分的材料质量要轻。伴舞机器人的结构设计呈左右对称，高度适当，上下半身比例协调，确保结构紧凑。关节连接件的设计合适，既要保证机器人行动起来灵活自如，动作顺滑平稳，又要具有一定的承受负载能力。所以选用了密度较小的铝制作，因为铝易于加工，质量又轻，不会增加机器人的承载负担。伴舞机器人是仿人机器人，材料截面对构件质量和刚度施加有重要的影响。因此，通过合理地选择构件的截面可以较好地满足机器人的使用要求，如空心圆截面、空心矩形截面、工字截面等。

若空心矩形截面是边长为 a，壁厚为 t 的正方形，空心圆截面的外圆直径也为 a，壁厚也为 t，且令 $t=0.2a$，通过计算可以得出，在相同壁厚的条件下，正方形空心截面比空心圆截面的惯性矩高 69% ~ 84%，而质量仅增加 27%。壁厚越薄，则效果越明显。若比较条件改为空心矩形截面和空心圆截面型材的截面相等，且 $D_0=a$，设空心圆截面壁厚 $t_D=0.2a$，可以计算出正方形空心截面的壁厚为 $t_F=0.147a$。此时，正方形空心截面比空心圆截面的刚度提高 40% ~ 60%。因此，无论从何角度来衡量，空心矩形截面都比空心圆截面的刚性优越。从设计、装配的角度来看，矩形截面也有一定方便之处。

综上所述，机器人结构设计为空心矩形截面，由铝材加工而成。其基本框架是使用连接件和角撑支架来搭建的。常见的机器人连接结构有扣接零件、胶接、胶带、铆接和焊接等，通过表4-5逐一比较各种结构技术的应用，从而确定最后方案。

表4-5　机器人常用联接结构

结　构	应用场合
扣接零件	小型玩具机器人
胶接	格局所需要的胶黏剂，可用于重量达数磅的机器人上
胶带	暂时性结构、轻型材料和元件的机器人上
铆接	小型到中等尺寸的机器人，以及轻型到中等重量的机器人
焊接	大型和重型机器人，特别用于恶劣环境的机器人

伴舞机器人负载小、自重轻、对寿命要求不高，因此除特别讲究强度、刚度以及抗摩擦磨损性的机构外，在机械连接上，应使机器人具有较好的坚固性，在机器人做舞蹈动作或行进过程中，各种接插件不能松动、脱落，满足合适的控制方案，所以选择铆接方式。

4.4　电气部分

4.4.1　方案1

电机驱动电路采用继电器构成桥式换向电路，继电器和主控制电路间用光电隔离器。考虑到电机的启动电流和制动时比较大，会造成电源电压不稳定，容易对单片机和传感器的工作产生干扰。所以，电机驱动电路和单片机以及传感器电路用TLP521-4光耦隔离，提高电路的可靠性。同时，还可以采用相互独立的电源供电。以确保单片机正常运行，进而保证整个系统正常工作。

在机器人的控制系统中最主要的就是传感器电路，传感器是机器人感知外界事物的关键。机器人通过传感器收集外界信息，通过电路将这种信息转变成CPU（中央处理器）能识别的数字信号，再通过软件算法对所收集的信息进行处理后形成相应的控制信号，通过端口去控制相关的电机动作，并采用多种传感器相互配合使用。使用光电编码器判断角位移和行程位移，主要用在机械手臂的转动上，使机械手臂动作更准确。行程开关用于位置的检测，主要用在机器人或机械手臂上。当机器人行走或机械手臂动作到达某种位置时给单片机一个电信号，让单片机发出相宜的控制信号。

此方案还待解决的就是传感器的抗干扰能力还不够高，其中主要是红外光电器件容易受外界光的干扰。光电编码器提高可靠性主要取决于光电编码器的加工精度、光源和接收管。一般对于比赛机器人的精度要求不是很高，编码器可以采用自制的就可以达到效果，而光电检测（对射式光耦）器已经可以从市场上很容易地购买到，所以要提高光电编码器的抗干扰能力并不难办到。机械开关的可靠性就更高了，它简单实用。但是对机械开关安装的位置一定要准确、牢固。如果安装不到位就无法触碰，就检测不到电信号，又因为机器人经常运动，如果安装不牢固，开关就容易松动。

4.4.2　方案 2

方案 2 的电路方框图如图 4-20 所示。

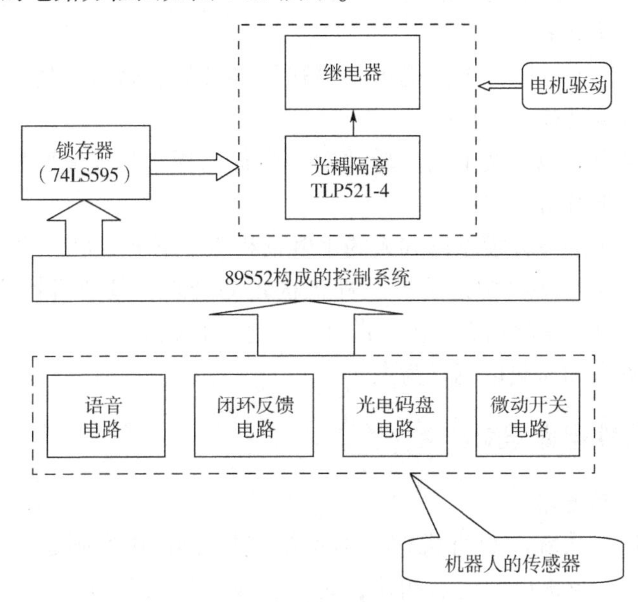

图 4-20　方案 2 的电路方框图

方案 2 的电气图基本不变，只是将 H 桥换成了继电器，将红外信号输入换成了光码盘。继电器有其自身的优势，它相当于短接没有压降，能承受的电流也很大，可以将电机电枢短路，即相当于刹车。

方案 2 的电气方框图中，机器人的传感器系统由光电码盘电路、微动开关电路、闭环反馈电路、语音电路等构成。可见光探头用于检测白色引导线，光电编码器、微动开关，和方案 1 的功能类似。

4.4.3　电气方案的比较与选择

1. 电气方案比较

(1) 首先采用直流电机。电机的选取以方案 1 的普通直流电机为最佳选择，其控制比较简单，功率相对机器人比赛是足够的；而步进电机功率不够，伺服电机较贵；在电机驱动电路的选择上，笔者认为用继电器构成开关控制，因为对电机的控制要求不一样，所以对不同的电机采用不同的控制方法。三极管构成的驱动电路，其优点是能够进行脉宽调速，缺点是三极管有压降。用于行走的电机采用此种方法驱动的力度不足，对完成动作的电机可以采用由两个继电器实现其正反转和启动停止。

（2）传感器选用以闭环传感器为主，其他传感器为辅，其中包括光码盘和触碰开关。

（3）单片机控制系统采用单机形式，其可靠性能更高。

综上所述，最佳电气方案选择方案2。

2. 机械方案比较

通过以上各个机械方案的提出并描述了各自的优缺点，比较得出所要设计的机器人的结论有以下几点。

（1）移动方式以方案1的四轮移动为最佳选择，其速度要比履带式移动快，且其能量耗损相对较少。

（2）机械手的设计模型已和人的手臂很相似，不会有很大的改动。

（3）转身和弯腰机构是选择连杆机构较为合理，其他机构不是成本高，就是不易于实现，在此我们选用已设计好的连杆机构。

（4）机器人的材料以铝材为主。

4.4.4 硬件电路设计

1. 电机驱动电路

继电器是本系统的执行机构，本系统选用D4810型固态继电器，固态继电器（SSR）与机电继电器相比，是一种没有机械运动、不含运动零件的继电器，但它具有与机电继电器本质上相同的功能。SSR是一种全部由固态电子元件组成的无触点开关元件，它利用电子元器件的点、磁和光特性来完成输入与输出的可靠隔离，利用大功率三极管、功率场效应管、单项可控硅和双向可控硅等器件的开关特性来达到无触点、无火花地接通和断开被控电路。固态继电器由三部分组成：输入电路、隔离（耦合）和输出电路。按输入电压的不同类别，输入电路可分为直流输入电路、交流输入电路和交直流输入电路三种。有些输入控制电路还具有与TTL/CMOS兼容、正负逻辑控制和反相等功能。固态继电器的输入与输出电路的隔离和耦合方式有光电耦合和变压器耦合两种。固态继电器的输出电路也可分为直流输出电路、交流输出电路和交直流输出电路等形式。交流输出时，通常使用两个可控硅或一个双向可控硅；直流输出时可使用双极性器件或功率场效应管。固态继电器有寿命长、可靠性高、灵敏度高、控制功率小、电磁兼容性好、快速转换、电磁干扰小等优点。D4810 型继电器输入电流为 5 ~ 40 mA，电压为 3 ~ 30 V，额定输出电流为 10 A，输出电压范围宽为 20 ~ 220 V，满足项目的要求。

在直流电机电枢上加上一定幅度的直流电压，电机便开始旋转；改变电压方向，电机转向也随之改变。如果电机以恒速运动，不调速，可以采用一个简单的电路来控制正/反向，直流电机的简单双向控制及继电器如图 4-21 所示。它采用两个继电器作为控制弱电到驱动电机的强电之间的转换器。正反转控制开关 RELAY1 断开、电源开关 RELAY3 闭合时，电机正转；反之电机反转。两开关同时断开，电机停转。两开关同时闭合是不允许的，从电路中可看出，这会导致电源短路。

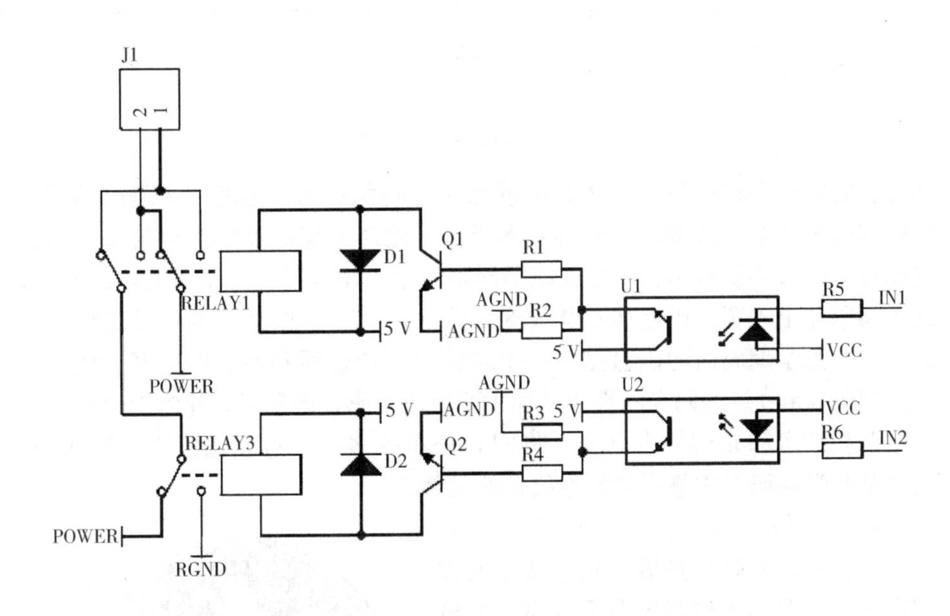

图 4-21　直流电机的简单双向控制及继电器

继电器电路原理图如图 4-22 所示。

2. 光电编码器

编码器是一种最简单的数字式位移电感器，它能够将角位移或线位移经过简单的变换变成数字量。目前，编码器精度、分辨率和可靠性都优于相同尺寸的模拟式传感器，但价格一般比较高。根据编码器检测原理和检测对象的不同，可以将编码器分为两种类型。用于检测线位移的编码器称为直线位移编码器；用于检测角位移的编码器称为角度数字编码器。

角度数字编码器由敏感元件和码盘组成。码盘是一种经过精细加工的薄

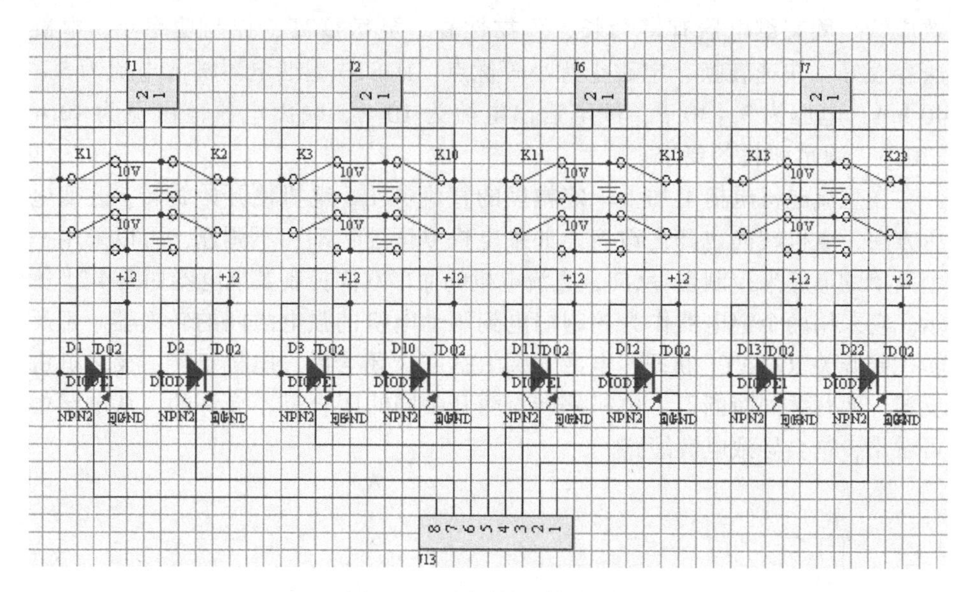

图 4-22　继电器电路原理图

圆盘，它的材料根据与之配套的敏感元件不同而不同。角度数字编码器有增量式编码器和绝对式编码器两种基本类型。绝对式编码器能给出与每个角位置相对应的数字量输出，增量式编码器则只输出角度的变化增量光电编码器。这种编码器由光源、码盘和光电敏感元件组成。图 4-23 所示为一种五位光电编码器。光学编码器的码盘是在一个基体上形成透明和不透明码区，代表了二进制码 0 和 1。编码盘的性能好坏主要取决于码盘的质量。光学编码器通常采用照相技术和光刻技术制作。将同心分布的多因二进制码复制在码盘上。光源是光学编码器中最容易发生故障的元件。

通常不但要求光源具有较高的可靠性，而且要求光源的光谱与光电敏感元件相适应。光源的工作温度范围要宽。光电敏感元件可以采用光电二极管、光电晶体管或硅光电池。为了提高输出逻辑电压，还需要加接各种电压放大器，而且每个轨道对应的光电敏感元件要接一个电压放大器。电压放大器通常由集成电路高增益差分运算放大器组成。为了减小杂光的影响，在光路中要加入透镜和狭缝装置。应当注意的是，狭缝不能太窄，要保证所有轨道的光电敏感元件的敏感区都处于狭缝内。光学编码器的基本构成如图4-24所示。

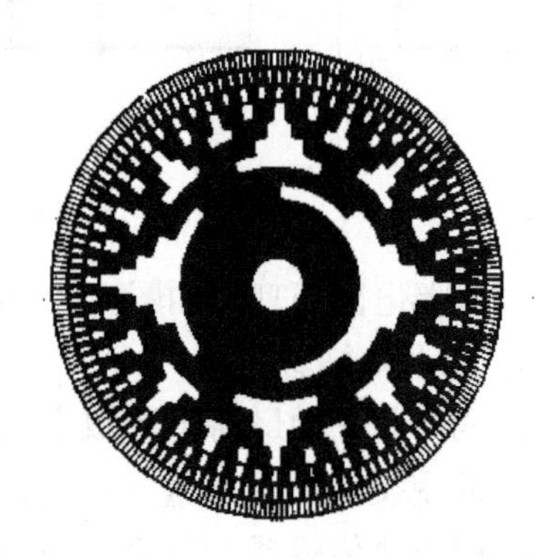

图 4-23　光电编码盘

绝对式光学编码器通常采用的是格雷（Gray）码。它是一种非标准的二进制码。Gray 码与标准二进制码的区别，在 Gray 码中，相邻两个二进制码的变化只能有一位。所以，在连续的两个数码中，若发现数码的变化超过一位，就认为是非法的读数，从而具有一定的纠错能力，可提高可靠性。光电编码器可以检测机器人各个关节的运动状态。若电机电流大，但编码器无输出，说明机器人撞到对方而无退让，己方机器人就要调整战术。若电机欲前进，编码器反转，说明机器人受对方推堵而退让。最近内藏整形电路直接以矩形波输出的编码器已问世，可以直接接入计算机。在机器人中均采用自制的编码器。在带有明暗方格的码盘两侧分别安置发光元件和光敏元件，随着码盘旋转，光敏元件接收的光通量与方格的间隔同步变化。光敏元件随着输出经过整形的脉冲。根据脉冲计数，可以知道与码盘固接的旋转轴的角位移。图 4-25 所示为设计中用到的编码器电路图。

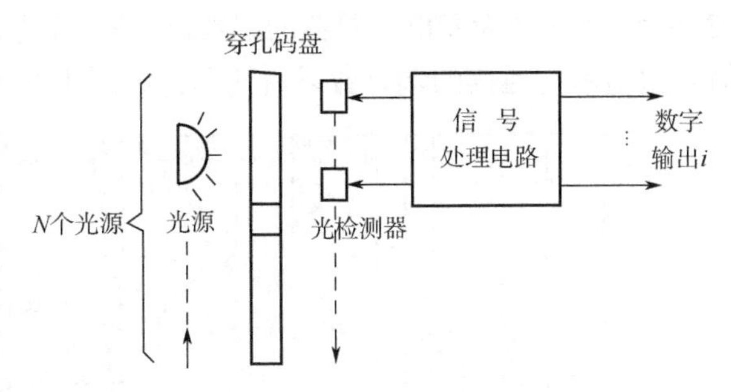

图 4-24　光学编码器的基本构成

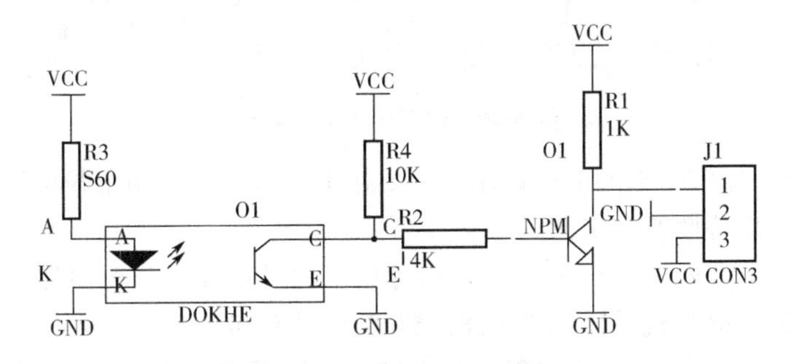

图 4-25　编码器电路图

3. 开关

比赛机器人常用的开关有按钮开关、数字开关和接触开关几种。按钮开关在机器调试阶段可以方便地提供人工输入。数字开关一般用于向 CPU 的输入选择，如速度等级、行走模式、策略等。接触开关则用于检测是否触碰，检测的对象有场地的道具、环境界限等，一般微动开关即可。

4.4.5　单片机控制系统

采用单片机完成控制的系统，在系统中 P1 口作为光电传感器的输入端口，P0.0 ~ P0.3 作为行走电机的控制端口，P2 作为动作电机的控制端口，

P3.4 和 P3.5 作为光电编码器的记数口。P3 口的另外一些都用来接行程开关。另外留出串行通信的端口备以后使用，如图 4-26 所示。

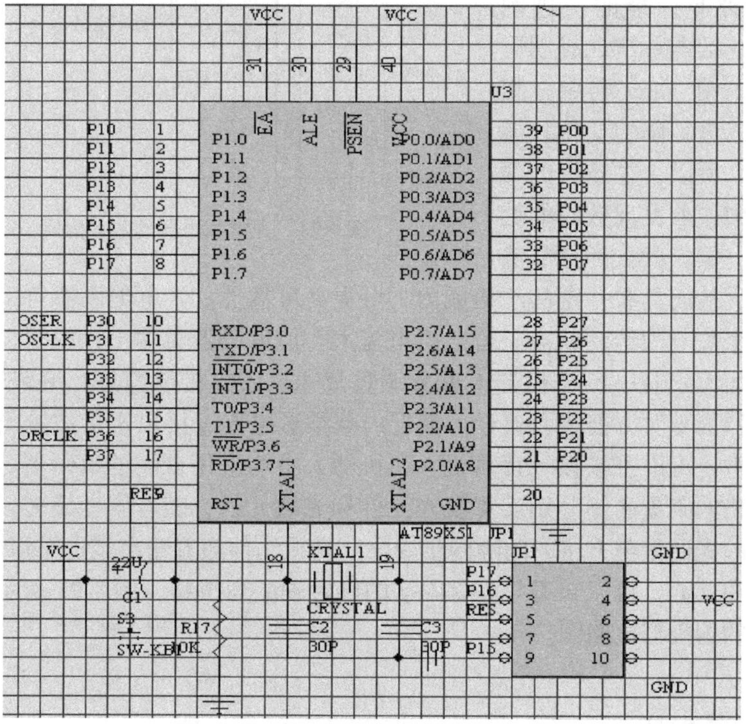

VCC VCC
31 30 29 40
U3
EA ALE PSEN VCC
P10 1 P1.0 P0.0/AD0 39 P00
P11 2 P1.1 P0.1/AD1 38 P01
P12 3 P1.2 P0.2/AD2 37 P02
P13 4 P1.3 P0.3/AD3 36 P03
P14 5 P1.4 P0.4/AD4 35 P04
P15 6 P1.5 P0.5/AD5 34 P05
P16 7 P1.6 P0.6/AD6 33 P06
P17 8 P1.7 P0.7/AD7 32 P07
OSER P30 10 RXD/P3.0 P2.7/A15 28 P27
OSCLK P31 11 TXD/P3.1 P2.6/A14 27 P26
P32 12 INT0/P3.2 P2.5/A13 26 P25
P33 13 INT1/P3.3 P2.4/A12 25 P24
P34 14 T0/P3.4 P2.3/A11 24 P23
P35 15 T1/P3.5 P2.2/A10 23 P22
ORCLK P36 16 WR/P3.6 P2.1/A9 22 P21
P37 17 RD/P3.7 P2.0/A8 21 P20
RES 9 RST XTAL1 XTAL2 GND 20
AT89X51 JP1
VCC 22U C1 S3 SW-KEY R17 10K
18 XTAL1 19 CRYSTAL C2 30P C3 30P
JP1 GND
P17 1 2
P16 3 4 VCC
RES 5 6
7 8
P15 9 10
GND

图 4-26　控制系统的电路图

当 P0 口作为一般的 I/O 口用时，要接上一个排阻作为上拉电阻。这是由单片机的内部特性所决定的。

单片机及其外围接口电路包括单片机、时钟电路、复位电路、外部接口扩展电路等。单片机采用 ATMEL89S51 系列单片机，它是十六位的高性能嵌入式控制器，具有 40 个可编程的 I/O 口，价格便宜，功能强大，且支持在线编程功能，使用十分方便。时钟电路给单片机系统提供时间基准设计时采用的 12 MHz 晶振。复位电路用于上电后使系统回复到初始状态开始运行。整个单片机控制系统框图如图 4-27 所示。

4.4.6　信号隔离模块

在实际的电子电路系统中不可避免地存在各种各样的干扰信号，若电路的抗干扰能力差，将导致测量、控制准确性的降低。因此，在硬件上可以采用一些设计技术破坏干扰信号进入测控系统的途径，从而有效地提高系统的抗干扰能力。

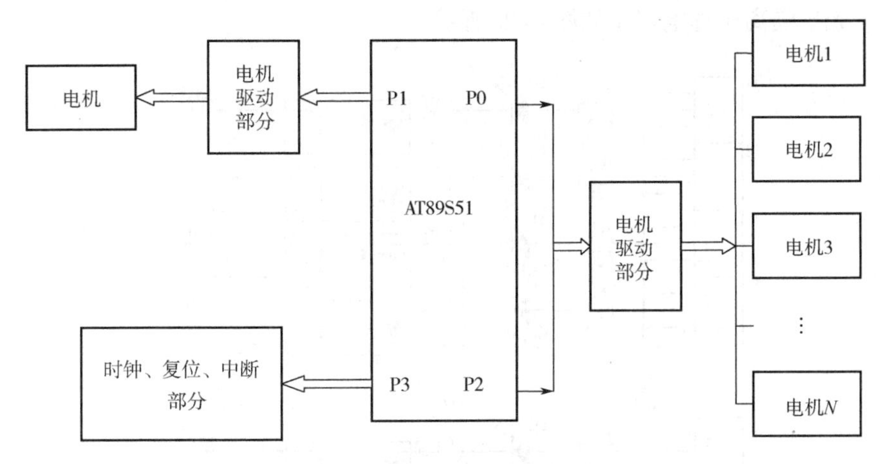

图 4-27　单片机控制系统框图

常见的信号隔离方法有光电耦合和变压器隔离等，本系统设计采用光电耦合方式对电机控制信号进行隔离，以消除模拟信号对数字信号的干扰。使用的光耦型号为 TLP521-2 及 TLP521-4。信号隔离最重要的一点就是将数字与模拟或强电与弱电部分在供电上完全隔开，否则就不能达到真正意义上的隔离。为了更好地防止干扰，电路中使用了光电耦合器，一般由三部分组成：光的发射、光的接收及信号放大。输入的电信号驱动发光二极管（LED），使之发出一定波长的光，被光探测器的光敏三极管接收而产生光电流，再经过进一步放大后输出，这就完成了电—光—电的转换。由于光耦合器的输入端和输出端之间通过光信号来传输，因而两部分之间在电气上完全隔离，没有电信号的反馈和干扰，故性能稳定，抗干扰能力强。发光管和光敏管之间的耦合电容小（2 pF 左右）、耐压高（2.5 kV 左右），故共模抑制比很高。输入和输出间的电隔离度取决于两部分供电电源间的绝缘电阻。此外，因其输入电阻小（约 10 Ω），对高内阻源的噪声相当于被短接。因此，由光耦合器构成的模拟信号隔离电路具有优良的电气性能。实际中，光耦两侧使用了两组不同的电源。光耦隔离电路如图 4-28 所示。

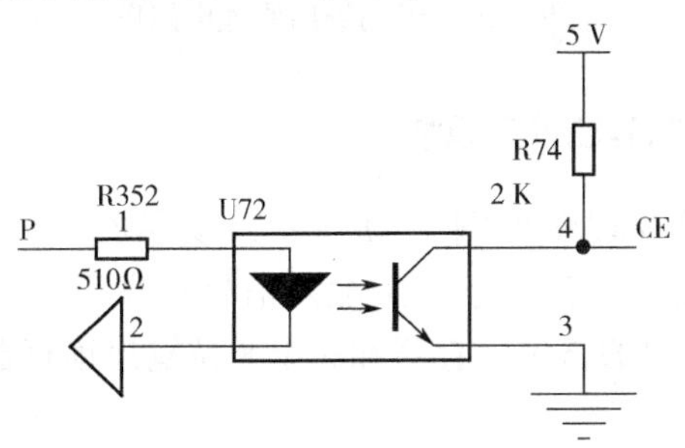

图 4-28　光耦隔离电路

光耦隔离原理电路图如图 4-29 所示。

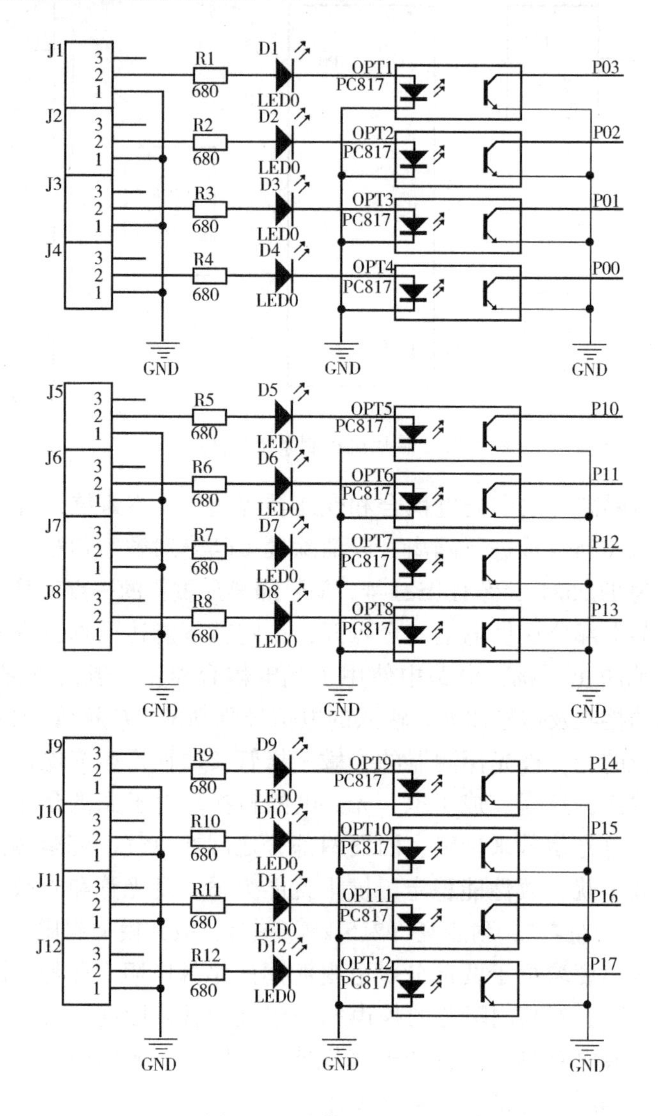

图 4-29　光耦隔离原理电路图

4.4.7　锁存器 74HC595 模块

74HC595 的工作原理图如图 4-30 所示，锁存器一般是由 D 触发器集成的，可以记住一个信号，直到下一个触发信号到来为止。74HC595 具有一个 8 位串行输入并行输出的移位寄存器和一个 8 位输出锁存器。

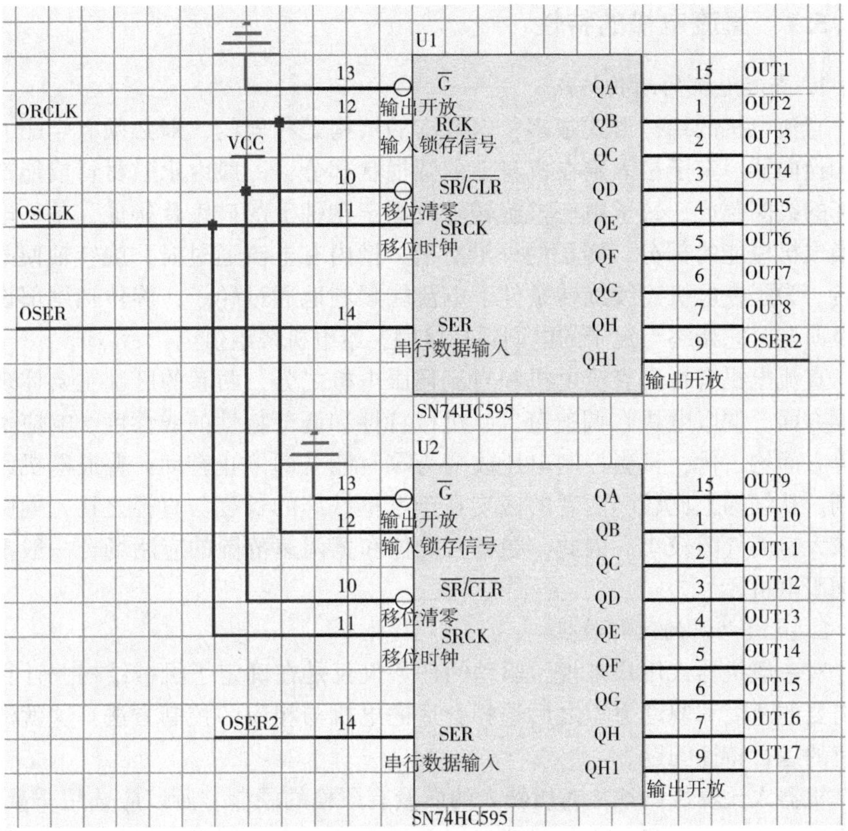

图 4-30　74HC595 的原理图

4.5　电机和能源的选择

驱动系统是机器人的手和脚，即运动机构和执行机构的基本组成部分。驱动系统的设计和制作是比赛机器人创意与实践的重要内容。它的任务不仅是向机器人传递动力，而且要提供准确的运动定位和灵活的操作，是机器人制胜的法宝之一，其重要性是不言而喻的。通常机器人驱动有电气、液压、气压三种方式。其中以电气驱动最常见，它按供电的方式又可以分为直流电机和交流电机。机器人比赛规则通常规定采用电池供电，即直流电。采用直流电供电的电机按照其内部结构又可分为直流电机和步进电机。直流电机外部接通直流电就能旋转；步进电机的驱动原理复杂一些，必须按照一定的通电顺序给电机供电，电机才能旋转。

4.5.1 直流电机的特性

1. 直流电机的结构特点

直流电机的结构形式很多，但基本的结构是相同的，即必须有定子、转子和换向器。定子是固定在机身上的圆桶状部分，一般由永磁材料或能产生磁场的线圈制成。转子由一根旋转轴及固定在轴上的硅钢片构成，是将电能转换成机械能的部分。转子的外沿有槽，槽内有电流通过时，旋转轴便开始旋转。为了在电机连续旋转条件下电流能顺利地通过转子，旋转轴尾部设置有换向器，它始终与定子的电刷保持接触，给电机绕组供电。

直流电机有普通直流电机和直流伺服电机之分，两者的区别主要体现在性能方面。伺服电机在调速范围、机械特性和调节特性的线性度，响应快速性等方面均占优，且当控制电压改变为零时能立即停止转动；普通电机则做不到。从结构上比较，两者的区别在于电枢铁芯的长度与直径之比，伺服电机较大，而气隙较小。因此，在精密定位和宽调速范围的应用场合一般都选用伺服电机。

2. 直流电机的运行特性

对一般机器人用户来说，驱动的任务仅仅是在确定了机械结构并计算出所需要的速度和驱动力矩之后选择合适的电机与相应的控制方法，这就涉及电机的运行特性问题。

机器人比赛规则往往对机器人的质量有严格的限制，所以应选用质量小、功率适宜的永磁电机，它的励磁磁通是恒定的。在控制系统时钟时，通常用电枢电压作为控制信号，电压的大小与电机转速成正比，改变电压极性，电机运转方向也随之改变。

4.5.2 能源选取

不需要太大的输出扭矩，必须能灵活操控，而且要求体积小、重量轻、方便检修，毫无疑问是蓄电池提供的直流电源外加直流电机。对于需要大驱动力、低转速的场合，可以用齿轮链、同步皮带等装置处理。但它的缺点是蓄电池的重量太大，在要求不大的情况下可以采用锂电池。它的优点是容量大、体积小、过电流大、重量轻。

另外，机器人还需要一类供给数字 IC（集成电路）、单片机、传感器工作的电源，通常为 +5 V，电流为数十到数百毫安。它必须和电机的电源分开，形成单独供电。这样，可以使 CPU 供电更加稳定。电源模块电路原理图如图 4-31所示。

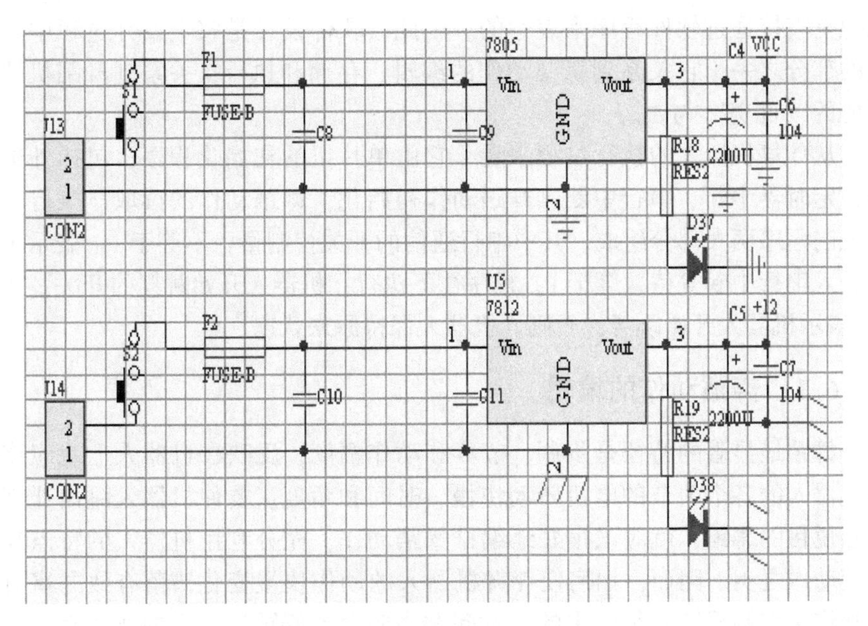

图 4-31　电源模块电路原理图

舞蹈机器人由以上机械本体和底盘设计、材料的选择和连接方式的分析，最后制作的机器人整体效果图如图 4-32 所示。

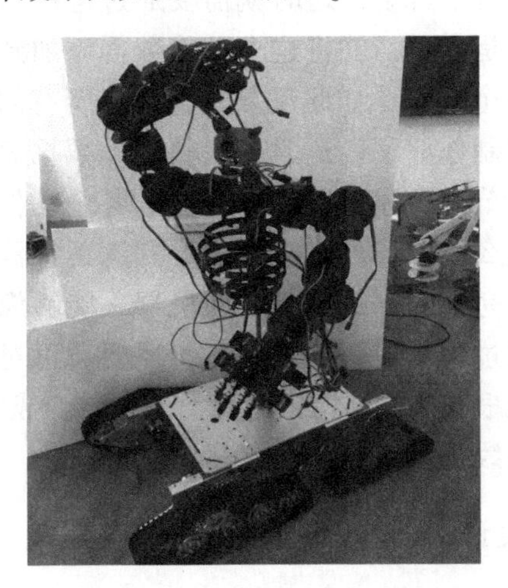

图 4-32　机器人整体效果图

4.6　系统的软件设计

在完成了硬件的设计之后，需要进行相应的软件设计，对机器人控制的思想是直接通过软件程序来表达的。因此，软件设计是整个设计过程中最重要的部分之一，它关系到舞蹈动作的编辑、存储和执行，关系到舞蹈机器人舞姿的“优美”与否。

从伴舞机器人的执行过程来看，它由单片机的初始化程序，包括外部中断、定时器中断、串行中断、舞蹈动作初始化，舞蹈动作的读取、执行和避障控制程序两大部分组成。其中串行通信的开关控制量：不等于1，表示单片机进入串行中断等待，等于1，程序往下执行；机器人开始跳舞的开关：等于1，表示机器人开始跳舞；否则，机器人保持原来状态。

4.6.1 舞蹈动作的编辑

舞蹈最显著的特征是步调、节奏和动作幅度，反映在机器人上就应该控制机器人的各个关节的电机转动快慢、时间和角度。要使机器人跳出让观众赏心悦目的舞蹈，就应该很好地编排舞蹈动作，充分利用机器人的特点来展现其动作之美。因而，如何使伴舞机器人的动作快慢变化错落有致并富有节奏感将是控制系统必须解决的关键问题。要设计舞蹈机器人的舞蹈动作，首先需要选择合适的曲子，然后根据曲子的节拍进行动作编排。

一整套的舞蹈动作其实是由一个一个单独的舞姿构成的，所以设计舞蹈动作就必须先设计好每个舞姿，这时就需要通过电机的滑块来实时观察关节的位置是否合适。若是合适，就将这个动作数据添加到数据库模块的动作表中，接着再调试下一个动作，如此反复，直到将所有的动作都编排好了，那么舞蹈动作部分也就制作好了。这时可以将动作数据表下载到单片机中，由单片机来控制各个关节，顺序执行动作表中的各个动作。同时控制音乐播放器播放舞蹈音乐，那么我们就可以直接观看到舞蹈机器人在音乐声中翩翩起舞了。要设计出一套完整的舞蹈动作，使机器人能够像舞蹈演员那样在舞台上表演是相当烦琐的过程，需要反复调试，还要通过对人类动作行为做出细致入微的观察，并能根据机械结构，将人类动作转变成对机器人关节的控制，才能获得完美的控制效果。

4.6.2 主程序设计

根据前述的机械结构设计与电路设计，单片机上的控制程序主要包括一个主程序和相应的中断服务子程序。本设计采用C语言按模块化的编程思想编写。所有机器人的动作实现部分均在子函数中完成，主函数中只负责对子函数的调用，如此便保证了良好的维护性和清晰的代码结构。在主程序中，首先对单片机进行初始化，接着调用脉宽调速函数，使相应电机获得应有的速度。然后进入程序中的主循环，判断当前系统的工作模式是自动状态还是手动状态（设置变量用于标识系统运行的状态，在机器人刚通电时默认进入手动控制状态）。主程序主要负责设置堆栈指针和中断向量，对所用到的特殊寄存器进行初始化和舞蹈动作初始化，主程序软件框图如图 4-33 所示。

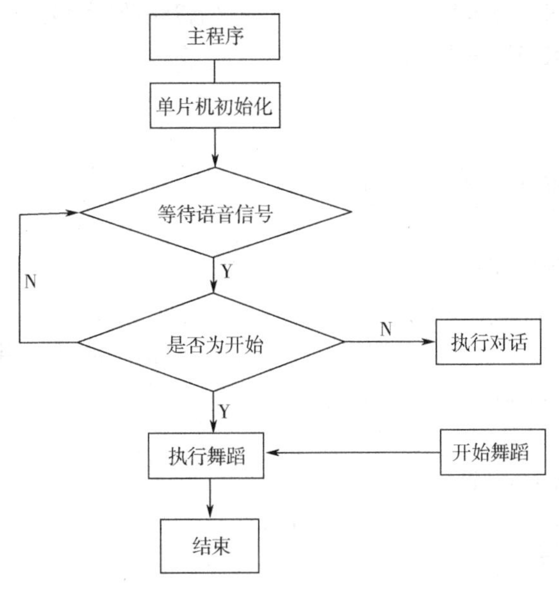

图 4-33　主程序软件框图

4.6.3　子程序设计

子程序设计最主要的是考虑到电机控制信号的产生，采用定时器每隔一定的时间中断以产生控制信号和加载舞蹈动作。利用定时器中断程序可以很容易地产生直流电动机的控制信号。通过外部中断，对机器人前、后、左、右四个方向上的碰撞做出处理，以使机器人不会因为碰撞影响以后动作的执行。对碰撞的处理，实际上就是改变保存舞蹈动作的寄存器，由于一定时间读取一次动作数据，可以理解，对碰撞的处理仅在碰撞后的这个规定时间内。只要对直流电机的控制数据设置恰当，就完全可以满足要求，使其不影响以后动作的执行。以下为电机驱动的子程序和 74HC595 的应用子程序。

```
/ ******************************************************** /
/ * 将显示数据送入 74HC595 内部移位寄存器                    * /
/ ******************************************************** /
void WR_595(void)
{   uchar j;
      temp_595 = temp;
      for(j = 0;j < 16;j ++ )
```

```
        {
            temp_595 = temp_595 < <1;
            SDATA_595 = CY;
            SCLK_595 =1;                  //上升沿发生移位
            SCLK_595 =0;
        }
    }
    void OUT_595(void)
    {
        RCK_595 =0;
        _nop_();
        RCK_595 =1;                       //上升沿将数据送到输出锁存器
        RCK_595 =0;
    }
    void start_595(void)
    {
        WR_595();
        OUT_595();
        _nop_();
    }
    /*******************************************************/
    /*   0—关电机   //关某位用1或,其他位为0              */
    /*   1—正转     //开某位用0与,其他位为1              */
    /*   2—反转                                           */
    /*******************************************************/
    void moto0(unsigned char s0)
    {   switch(s0)
        {   case 0:{temp_0 = temp;temp_0 | = 0x0003;temp = temp_0;}
break;//关电机
            case 1:{temp_0 = temp;temp_0& =0xfffe;temp = temp_0;}break;
    //正转
            case 2:{temp_0 = temp;temp_0& =0xfffd;temp = temp_0;}break;
    //反转
        }
    }
```

```
/ *********************************************************** /
//反馈信号读入
void scan( void)
{
      state0_B = state0_A;
      state0_A = in0;
      if( state0_A! = state0_B)   //判断是否有电平跳变
        {
          count_0 ++ ;
          if( count_0 > num_0)
          { moto0(0);
            start_595( );
            count_0 =0;
            num - - ;
            num_0 =0xffff;
          }
        }
}
```

4.6.4　语音系统程序设计

1. 语音系统程序流程

在具有语音功能的智能机器人的软件设计中，主要有几大方面的内容：语音训练和语音识别、语音模型的存储和机器人的动作控制，其中还包括一些必要的中断服务程序和其他程序，机器人主程序流程图如图4-34所示。

程序的主要执行过程通过主程序流程图可以清楚看出，下面就对各子程序的编写进行分述。

2. 编程准备

由于控制机器人动作的电机共有7个，将占用单片机的14个I/O口，控制ISD2590的I/O口为3个，用于重新训练的按键也占用1个I/O口，所以一共要用单片机的18个I/O口。另外，还应考虑机器人可扩展的传感器模块等其他功能模块接口，所以首先对单片机I/O口进行分配，在分配过程中要注意以下几个问题。

(1) 光耦电路输入引脚为每6个脚一组，对应3个电机，因为与单片机I/O口引脚为排线相连，所以应考虑连线位置。

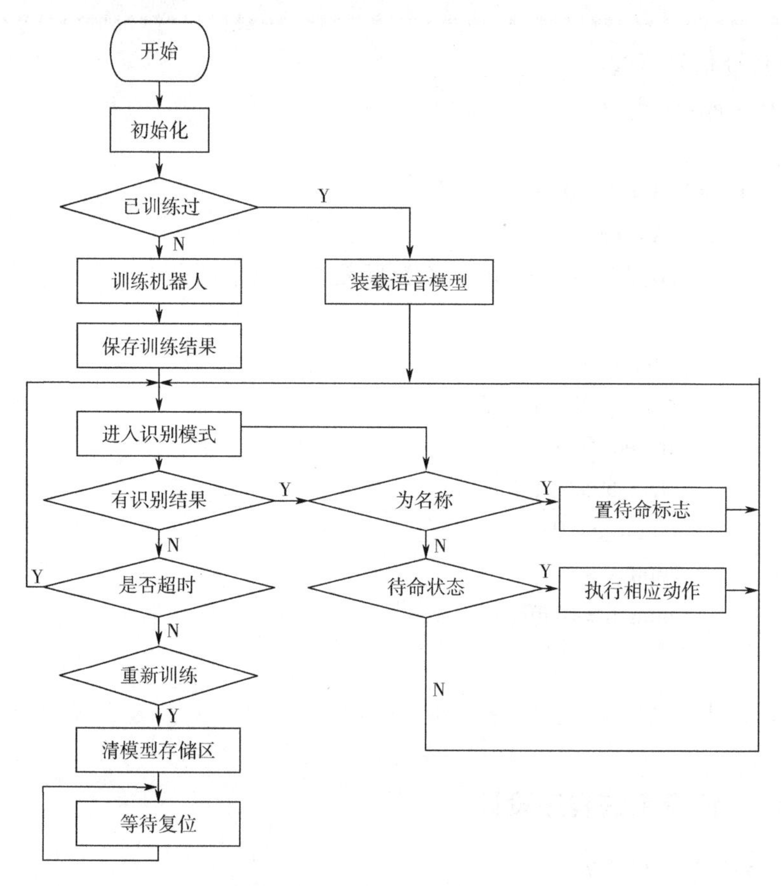

图 4-34　机器人主程序流程图

(2) 检测重新训练键是否按下单片机的 I/O A 口的 3 脚，所以 I/O A 口 0～7脚只作输入的 I/O 口用。

(3) 控制 ISD2590 的 3 个 I/O 口也应考虑连线过程中不与上面两者冲突。单片机 I/O 口具体分配见表 4-6。

表 4-6　单片机 I/O 口具体分配

I/O A 15	ISD2590 启动
I/O A 14	ISD2590 停止
I/O A 7	ISD2590 的 EOM 输入信号
I/O A 2	重新训练按键

3. 子程序的编写

语音识别可分为特定语音识别和非特定语音识别两种，特定语音识别需要使用者先进行训练，非特定语音识别可识别任何人的声音，鉴于开发时间和难度，本次设计采用特定语音识别的方式。语音识别原理如图 4-35 所示。

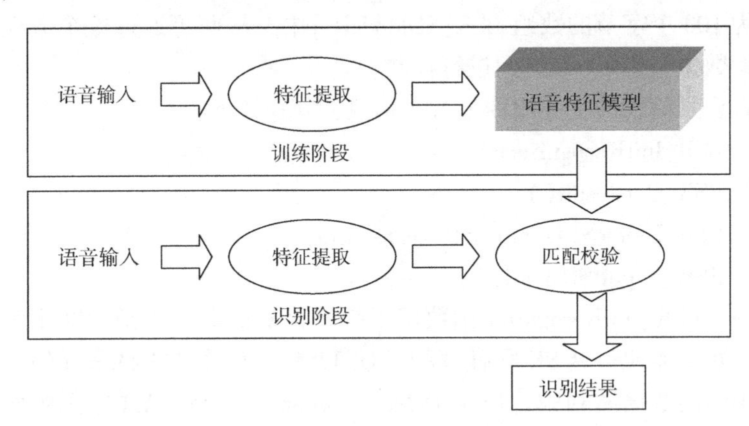

图 4-35　语音识别原理

单片机实现语音识别的过程包括训练部分与识别部分，以及在训练、识别过程中的中断情况，如图 4-36 所示。

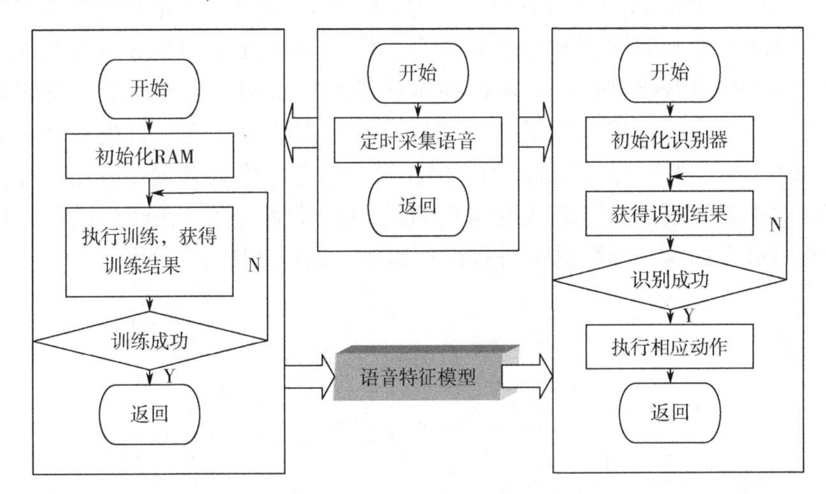

图 4-36　61 单片机识别流程

实现语音功能程序的编写主要依靠凌阳公司提供的 API（应用程序编程接口），使用该 API 需要在程序中链接语音库文件："bsrv222SDL. lib" 和包含头件："bsrSD. h"。

在语音训练的程序中主要用到两个 API 函数，分别如下。

（1） BSR_Train( )；

（2） BSR_ExportSDWord( )；

BSR_Train 函数在训练语音时使用，带有两个参数：所训练的该条语音的序号和需训练的次数。BSR_ExportSDWord 函数在每 5 条语音命令（为一组）

训练成功后调用，用于将这一组语音命令的特征模型数据导出到一个临时自动创建为 100 个字节的数组 BSR_SDModel[ ]中，从而可通过这个数组将语音特征模型数据写入 Flash 单元进行存储。

语音识别的程序主要用四个 API 函数，分别如下。

（1） BSR_InitRecognizer( );

（2） BSR_GetResult( );

（3） BSR_DeleteSDGroup(int SDGroupNo);

（4） BSR_ImportSDWord( );

其中，BSR_InitRecognizer 函数用于初始化辨识器，该函数在主程序中被调用时，辨识器便打开 8K 采样率的 FIQ_TMA 中断并开始将采样的语音数据填入辨识器的数据队列中。BSR_DeleteSDGroup 用于将 RAM 空间中所有的特征模型数据删除，即清除内存。BSR_ImportSDWord 的作用同 BSR_ExportSD-Word 相类似，是将已训练过的一组语音特征模型数据导入到数组 BSR_S DModel[ ]中，采样结果在这里与原特征模型数据进行匹配校验。

在 BSR_SDModel[ ]中所存储数据为 100 字节，所以 61 单片机在语音识别时一次最多只能同时识别 5 条语音命令，但 61 单片机的 Flash 闪存为 32KB，可储存较多的语音模型数据，所以在本次设计中希望可以使机器人能识别更多条的语音命令，这里采用了一个比较巧妙的方法来实现，首先将命令分为 5 条一组（共多组）存入 Flash 闪存中，第一组命令作为触发命令组，在第一次识别时根据识别的命令载入相应的组的特征模型数据，在随后的第二次识别中在所载入的这一组数据中进行识别比较，流程如图 4-37 所示。

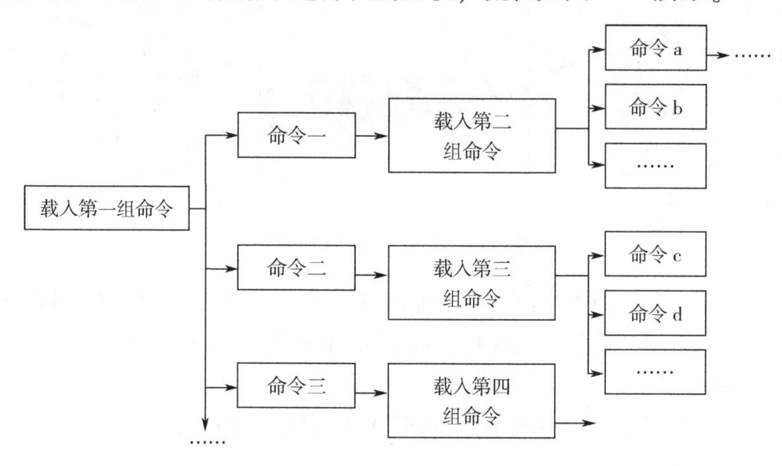

图 4-37　多条语音识别流程

这种通过不同的触发命令载入相应的分组数据并进行识别的方法在理论上可以达到识别任意条语音命令，本次设计中做了15 条语音命令的识别。

15 条语音命令分为三组存放，第一组的第一条命令是机器人的待命状态指令，第二条命令即为导入第二组数据，第三条命令为导入第三组数据。

4.7　系统功能测试

做好机器人的硬件部分和软件部分之后，要让机器人实现软硬结合，就必须经过调试才能够达到课题的要求。在总体调试之前，先进行硬件的检测。

（1）首先是采用万用表进行硬件的检查，由于本硬件需要焊接的器件较多，在焊接的过程中可能没有连接上，元器件的好坏，是否正常工作，等等。

（2）由于单片机的工作电压是 5 V，所以先接入 5 V 的电压，看硬件电路板中的发光二极管是否亮来判断电路是否连接好。该部分主要是判断单片机能否驱动直流电机。为了提高效率，先编简单的程序控制直流电机的前进和后退。再判断光电耦合器是否工作。调试时先不接电机驱动部分，而是将光耦的输出接到 LED 发光二极管上，看 LED 是否会闪动。这部分调试过程中发现有一个亮着的 LED 不会闪动，检查了整个电路没有发现问题，于是笔者将几个光耦对换了位置，发现原来不闪动的 LED 会闪了，但是对换光耦位置的另一个 LED 出现了同样的问题。于是判断是光耦的问题，换了一个新的，通电后 12 个 LED 都会闪动，说明电路正常，再接上电机驱动部分，将直流电机的接线接好，通电后直流电机成功实现正、反转。而电机的驱动电压是 12 V，因此在使用之前也要用 12 V 的电源接上电机，判断电机是否可用。

第5章

机电综合控制系统设计实例——智能小车制作

5.1 智能小车简介

5.1.1 常见的两种类型

智能小车首先需要最基本的转向和驱动功能，对于一般电子设计常用的小车如图5-1所示。前一种小车的优点在于可以获得很大的速度，由于转向采用的是舵机，所以缺点就在于要想转弯一定要有合适的转角。这类小车就是绝大多数校内智能小车比赛和飞思卡尔采用的类型，通常为后轮直流电机驱动+前轮舵机转向的方式，但是也有例外，像2014年的全国大学生电子设计竞赛中的电动车跷跷板一题，为了达到精确的控制效果，很多人将后轮改为步进电机驱动。后一种是在2016届全国电设中获奖的智能小车模型，该车采用的是双步进电机+双万向轮的方式，当然也有采用直流电机+万向轮的方式，这类小车的优点在于转弯不需要转角，可以原地转弯，其次是可以精确控制小车行进路线，缺点是无法获得很大的速度，这种小车在本文中将不再叙述。

图5-1　智能小车常见的两种类型

这两种小车都有各自的优点，使用步进电机还是用直流电机驱动也要根据具体的竞赛题来选择，直流电机的优点在于控制简单、转速快，缺点在于无法控制转过角度，可能要和很多外部传感器配合使用，增加了硬件的设计难度。步进电机的优点在于角度、转速可控，可以开环控制；缺点在于控制较为麻烦，无法实现较高的速度。本书将以飞思卡尔智能汽车为参考，介绍智能小车的相关基础知识。

5.1.2　智能小车的基本结构

在下面的讲解中我们将以图 5-1 所示的第一种小车为例介绍一下智能小车的结构。如图 5-2 所示，小车的结构主要分为以下几个部分。

图 5-2　智能小车的基本结构

循迹模块：用于探测黑线的位置，基础由若干个光电管组成，通过反射红外线的变化判断黑线的有无。高年级的同学建议尝试使用摄像头等作为传感器。

舵机转向模块：通过一定占空比的方波控制舵机转过的角度，舵机具有力矩大、响应速度快等特点，在航模、机器人等设计中应用非常广泛，舵机的控制也是智能小车程序设计的重要部分。

电机驱动模块：由于单片机输出的电流有限，无法直接驱动电机进行工作，因此需要通过专用的电路进行驱动，只要单片机给出相应的控制信号便可控制电机工作。本书以较为常用的 H 桥驱动芯片 L298N 为例，鼓励自行选择更合适的驱动方案。

单片机模块：根据使用的传感器和控制策略的不同，单片机的选择也不同，对于低年级刚入门的同学可以使用51单片机，有一定基础的同学可以使用性能稍强的AVR系列，高年级同学推荐使用MSP430或者S12等其他性能更强的单片机。

电源模块：由于小车采用电池供电，因此合理地设计一个电源模块是小车稳定运行的前提。

以上只是针对小车结构的一个简单介绍，要完成整体的设计，每一部分都很重要，在后面内容中会依次详细叙述。

5.2 车体设计

车体材料的收集一般选用的是带有无线遥控功能的可转向的玩具车，所以第一步就是拆掉除了后轮驱动电机之外的所有多余部分；其次就是在拆卸的时候要充分考虑到自己的安装要求，切不可盲目，也没必要留着多余的部件。

完成了玩具车的拆卸之后要做的第二步就是安装舵机，现在市场上卖的玩具车虽然也具有转向功能，但是前轮的转向多是依靠直流电机来驱动的，无论向哪个方向转都是一下打到底，无法控制转过固定的角度，因此根据我们的设计需求，需要将原有的转向部分替换成现有的舵机，以实现固定转角的转向。舵机实物图如图5-3所示。

需要说明的是：由于小车系玩具车改装，在安装舵机时需要合理地利用小车的结构，将舵机安装牢固，同时还需合理利用购买舵机时附赠的齿轮，从而将舵机固定在合适的位置上。舵机的安装方式有俯式、卧式等多种，不同的安装方法，力臂长短、响应速度都有所不同，这一点请自己根据实际情况合理选择，图5-4所示为舵机安装图。

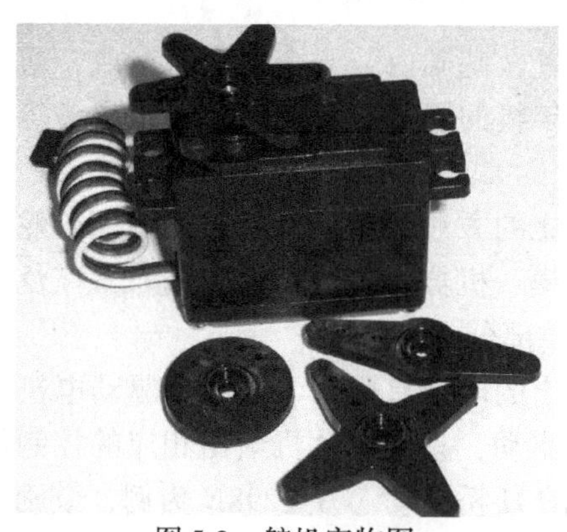

图5-3　舵机实物图

图5-4　舵机安装图

舵机安装过程中有一点尤其要注意，由于舵机不是 360°可转的，因此必须保证车轮左右转的极限在舵机的转角范围之内。舵机安装完毕之后就可以对小车的转角进行控制了，但是由于玩具车的车体设计往往限制了小车的转角，因此可以对小车进行局部的“破坏”来增大前轮的转角，要知道在比赛中追求速度的同时，一个大的转角对小车的可控性会有一个很大的提升，如图 5-5 所示，就是对增加小车转角的一个改造车体的整体布局。

除了舵机的安装外，车体的整体布局也是很重要的一方面，好的布局不仅能够增强小车的美观性，也能够提高小车的整体性能。首先是电路板的放置，很多自己搭建的电路板要合理地安装在小车上，还要考虑到比赛过程中可能的冲撞给电路板带来的损害，在电路板的安装中尤其要注意循迹模块的安装，由于循迹模块安装在小车的前部，伸出车体的长短都有讲究，在设计时要有所考虑。其次是电池的放置，由于电池较重，电池的放置直接影响到小车的重心，在追求速度的比赛中对电池安装的位置也要有所考虑。

图 5-5　增加车轮转角的方法

5.3　硬 件 设 计

5.3.1　电源模块设计

智能小车电源设计要点：电源是整个系统稳定工作的前提，因此必须有一个合理的电源设计。对于小车来说电源设计应注意两点。

（1）与一般的稳压电源不同，小车的电池电压一般在 4 ~ 8 V，还要考虑在电池损耗的情况下电压的降低，因此常用的 78 系列稳压芯片不再能够满足要求，必须采用低压差的稳压芯片，在本文中以较为常见的 LM2940-5.0 为例。

（2）单片机必须与大电流器件分开供电，避免大电流器件对单片机造成干扰，影响单片机的稳定运行。

现在各种新型的电源芯片层出不穷，各位读者可以根据自己的需求自行选择电源芯片，对于本设计主要应该注意稳压压差和最大输出电流两个指标能否满足设计要求。

5.3.2 低压差稳压芯片 LM2940 简介

LM2940 系列是输出电压固定的低压差三端稳压器；输出电压有 5 V、8 V、10 V 多种；最大输出电流 1 A；输出电流 1 A 时，最小输入输出电压差小于 0.8 V；最大输入电压 26 V；工作温度 -40 ~ +125 ℃；内含静态电流降低电路、电流限制、过热保护、电池反接和反插入保护电路。同时 LM2940 价格适中而且较容易购买，非常适合在本设计中使用。

LM2940-5.0 封装和实物图如图 5-6 所示。

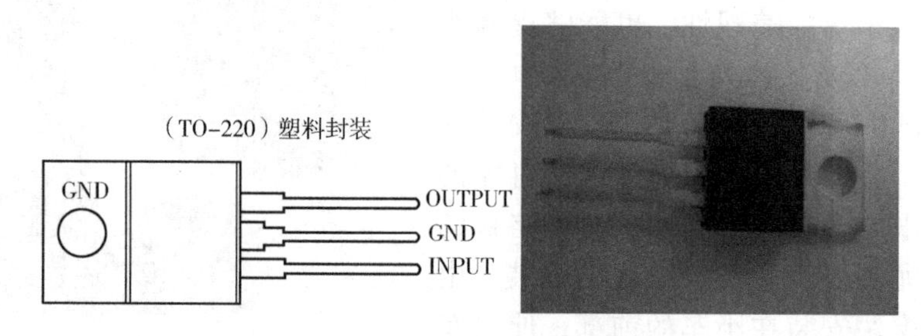

图 5-6　LM2940-5.0 封装和实物图

从封装可以看出 LM2940-5.0 与 78 系列完全相同，实际应用中电路也大同小异。图 5-7 所示为 LM2940 参考电路图。

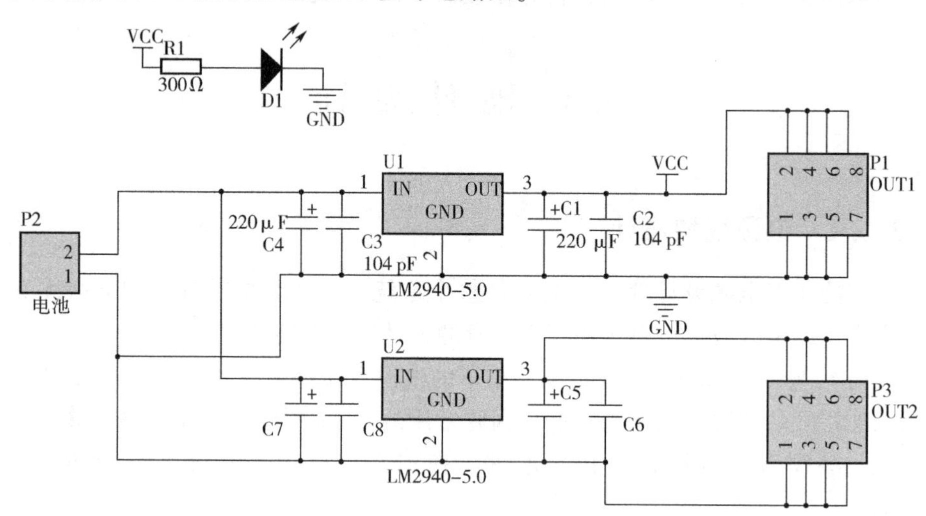

图 5-7　LM2940 参考电路图

在图 5-7 中，采用两路供电，这样可以使用其中一路单独为单片机、指示灯等供电。另外一路提供 L298N、光电管、舵机的工作电压，L298N 的驱动电压由电池不经任何处理直接给出。舵机可以用 6 V 供电，也可以直接用 5 V 供电。

5.3.3　单片机最小系统设计

单片机是小车的控制中心，单片机最小系统的合理设计是小车平稳运行的前提，所谓最小系统，就是能够保证单片机运行的最精简的硬件设计，由于设计时间有限，不可能设计一块统一规划、功能刚好符合要求的电路板，因此需要设计若干系统板组合使用。在本次设计或竞赛中可以根据需要选择不同的单片机，如果使用摄像头作为传感器，则可以使用飞思卡尔的 S12 系列单片机；如果是使用其他传感器，则可以使用 MSP430、AVR 等系列单片机，具体的型号还需要各位自行选择，对于初学者 51 单片机也能够满足基础需求，51 系列单片机建议选择 AT89S51、STC89C51 等型号。

在设计单片机最小系统时需要注意以下几点。

（1）需要合理考虑调试过程中的扩展需要，正常情况下需要将所有 I/O 口引出，同时需要注意单片机的电源设计，保证最小系统能够稳定供电。

（2）合理集成相应的外围模块，如几路 LED 显示、蜂鸣器等，这些小部件可能觉得无关紧要，但是在调试的时候能够带来很大的方便。

（3）最好将程序的下载接口集成在最小系统上，这样会极大地方便小车的调整与测试。这一点对于贴片式封装的单片机不考虑，但是对于 51、AVR 等系列单片机却经常让初学者忽略。图 5-8 所示为 51 系列单片机最小系统参考电路图。

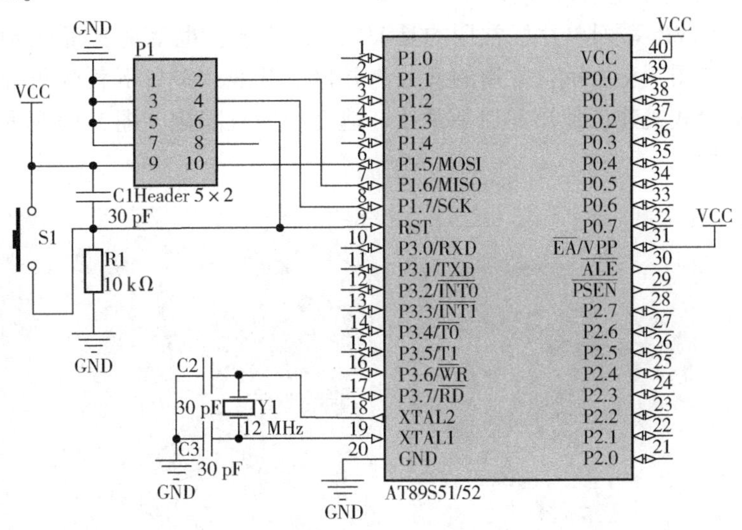

图 5-8　51 系列单片机最小系统参考电路图

5.3.4　C51 单片机最小系统设计

为了照顾刚入门的同学，本书只着重叙述 51 系列单片机最小系统的设计，AVR 系列单片机的设计和 51 系列单片机有许多共同之处，这里只给出参考，不做重点叙述。建议大家能够根据自己的需求独立设计自己的单片机最小系统，方便以后的竞赛和学习使用。

图 5-8 中的 51 系列单片机最小系统由以下几个部分组成。

（1）晶振电路。单片机要想工作必须有一个外部的时钟源，这个时钟源由外部晶振产生，具体电路为图中的 Y1、C2、C3，在做电路板时应注意晶振和电容要靠近 18 脚与 19 脚放置，如果放置过远就可能会造成晶振不能起振，或工作不稳定。典型值为 C2、C3 取 30 pF，Y1 取 12MHz。

（2）复位电路。复位电路包括上电复位和手动复位两部分，51 系列单片机多为高电平复位，也就是说，RST（9）脚上只要有持续两个机器周期以上的高电平，就能使单片机复位，因此上电复位的原理就是利用电容充电的一段时间将复位脚拉至高电平，使单片机完成复位，C1 可以选用 104 或 105 之类的瓷片电容，R1 在电容充电结束后将复位脚拉至低电平，以保证单片机正常工作。

（3）ISP 下载接口。改下载接口在实际制作时可以用双排的 5 × 2 的排针代替，电路是根据标准的 ISP 下载线来设计的，与常用的并口下载线、串口下载线和笔记本用的 USB-ASP 下载线兼容，只需将下载线接口插到本接口上，就可以直接向单片机烧写程序，免去了不断拔插单片机芯片的烦恼，无论是 51 系列单片机还是 AVR 系列单片机都非常方便。

51 和 AVR 系列单片机常用的是 ISP 下载方式，也就是上面介绍的接口，实物接口如图 5-9 所示，常用的又分为并口下载线、串口下载线和 USB 下载线，一般台式机建议使用并口下载线，速度快而且稳定，图 5-10 所示为并口下载线实物图。

图 5-9　实物接口

图 5-10　并口下载线实物图

51 系列单片机的最小系统还应特别注意第 31 脚应拉高，31 脚 EA 脚为内外存储器的选择脚，由于我们只用内部存储器，因此需要将此脚连至高电平，这一点非常重要，很多人的单片机无法工作也往往是由于疏忽这一点引起的。另外，还有一点要引起注意的是 P0 口，与其他几组 I/O 口不同，P0 口没有内部上拉电阻。因此，如果驱动 LED 等外部器件时可以在 P0 口加上 10 kΩ 的排阻，而实际结果也证明加外部上拉电阻的方式有助于增强端口的驱动能力。

AVR 单片机的最小系统和 51 单片机类似，但是 AVR 有更为强悍的功能，AVR 可以只需电源而不需任何外接电路即可工作，以 ATmega16 为例，内部具有可配置的 1 ~8 MHz 时钟源，并且可以自动上电复位，当然除非在不得已的情况下，其他情况还是建议有相应的外部电路。AVR 单片机的最小体统设计可以参照 51 单片机的设计，像晶振电路，下载线接口都与 51 单片机相同，但是应注意以下两点：AVR 单片机为低电平复位，因此复位电路上有所异同。接了外部晶振以后再写下载程序时应注意配置好对应的熔丝位，否则可能造成芯片锁死。

建议大家可以根据自己的需要用 Protel 设计自己的最小系统，这样不仅调试方便也完全没必要花钱去购置一套开发板，而且在以后的学习中也方便使用。图 5-11 所示为笔者制作的 AVR 最小系统板。在这个系统板上放置了 ISP 接口，在线仿真用的 JTAG 接口和便于外部器件取电的五组电源接口，通知放置了四组指示灯和一个蜂鸣器，每组 I/O 口用两排排针引出，两排排针之间留有一定的间距便于插头的插拔。为了使电路板小巧美观，部分电阻电容采用贴片式封装。

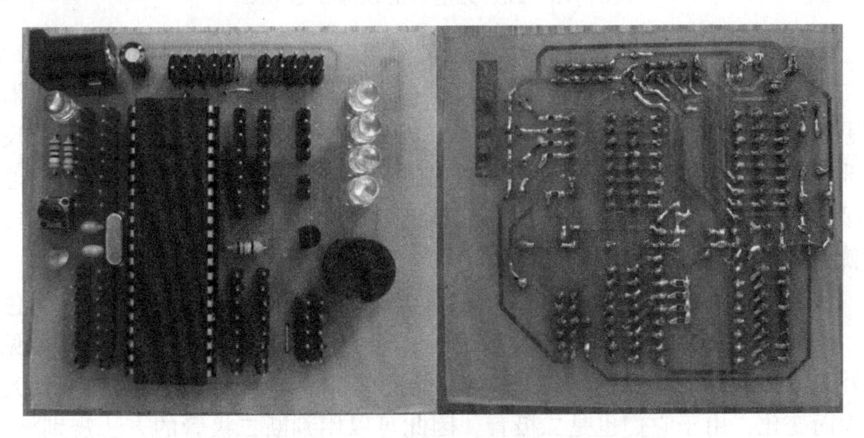

图 5-11　最小系统板的正反面循迹模块设计

以上是在设计这块最小系统时的考虑，总之无论设计如何，都要以稳定易用为标准，没必要一味地追求大而全。

5.3.5　红外收发器设计

在本设计中我们采用红外一体式发射接收器，红外一体式发射接收器市

场价格在1～10元不等，图5-12所示的是较为常见的一种。是将发射管和接收管放置在一个塑料壳内，发射管和接收管的直径都为3 mm，如果追求大功率、更远的探测距离，也可以购买单独的发射管和接收管，但是对于一般设计来说，图中的红外发射和接收器已经足够。当然，如果追求大功率、更远的探测距离，也可以购买单独的发射管和接收管，但是注意，相应的管上要套上热缩管等隔离器件，以消除临近发射管的干扰。系统中设计反射距离在2 cm左右，此时探测环境都在检测电路板的阴影之下，不易受到其他光线的干扰。传感器都选用RPR220反射红外传感器。该封装形状规则，便于安装。没有强烈日光干扰（在有日光灯的房间里），探测距离能达5 cm以上，完全能满足探测距离要求。

图5-12　红外光电管的顶部和尾部图

红外一体式发射接收器由于感应的是红外光，常见光对它的干扰较小，是在小车、机器人等制作中广泛采用的一种方式。红外一体式发射接收器检测黑线的原理为，由于黑色吸光，当红外发射管发出的光照射在上面后反射的部分就较小，接收管接收到的红外线也就较少，表现为电阻比较大，通过外接的电路就可以读出检测的状态，同理，当照射在白色表面时发射的红外线就比较多，表现为接收管的电阻比较小。

仔细观察可以发现，图5-12中红外光电管分为两部分，一部分为无色透明，类似于LED，这是红外的发射部分，给它通电后能够产生人眼不可见的红外光；另一部分为黑色的红外接收部分，它的电阻会随着接收到红外光的多少而变化，由于它们也是二极管，因此可以用判断二极管的方法辨别极性，判断光电管好坏最简单的测试方法为用万用表的欧姆挡连接接收管的两端，然后将接收管放在台灯下观察阻值的变化，如果用的是指针式万用表，则黑表笔的一端为正极，同时注意电阻的变化幅度。一般引脚的正负放置可能有所差异，图5-12中的光电管经过笔者的测试，发射管长脚的一端为正，而接收端长脚的一端为负，这个自己在使用之前一定要测试一下。另外，测试红外发光管的好坏还有一个比较巧妙的方法，那就是利用手机摄像头，红外线由于波长较长，在人眼的可视范围之外，但是却仍然在手机摄像头的可视范围之内，因此打开手机的拍照功能，看一下便清楚了，这也是红外夜视摄像头的原理。

红外光电管由于感应的是红外光，常见光对它的干扰较小，是在小车、机器人等制作中广泛采用的一种方式。红外光电管检测黑线的原理为，由于黑色吸光，当红外发射管发出的光照射在上面后反射的部分较小，接收管接收到的红外线也就较少，表现为电阻比较大，通过外接的电路就可以读出检测的状态，同理，当照射在白色表面时发射的红外线就比较多，表现为接收管的电阻就比较小。

5.3.6　检测电路设计

上面介绍了红外光电管检测黑线的基本原理，图 5-13 所示为循迹电路图。LM339 类似于增益不可调的运算放大器。每个比较器有两个输入端和一个输出端。两个输入端一个称为同相输入端，用“+”表示，另一个称为反相输入端，用“-”表示。用作比较两个电压时，任意一个输入端加一个固定电压做参考电压（也称门限电平，它可选择 LM339 输入共模范围的任何一点），另一端加一个待比较的信号电压。当“+”端电压高于“-”端时，输出管截止，相当于输出端开路。当“-”端电压高于“+”端时，输出管饱和，相当于输出端接低电位。如果两个输入端电压差别大于 10 mV，就能确保输出能从一种状态可靠地转换到另一种状态，因此，将 LM339 用在弱信号检测等场合是比较理想的。LM339 的输出端相当于一只不接集电极电阻的晶体三极管，在使用时输出端到正电源需要接一只电阻（称为上拉电阻，选 3～15 kΩ）。选不同阻值的上拉电阻会影响输出端高电位的值。因为当输出晶体三极管截止时，它的集电极电压基本上取决于上拉电阻与负载的值。另外，各比较器的输出端允许连接在一起使用。对于图 5-13 有以下两个注意点。

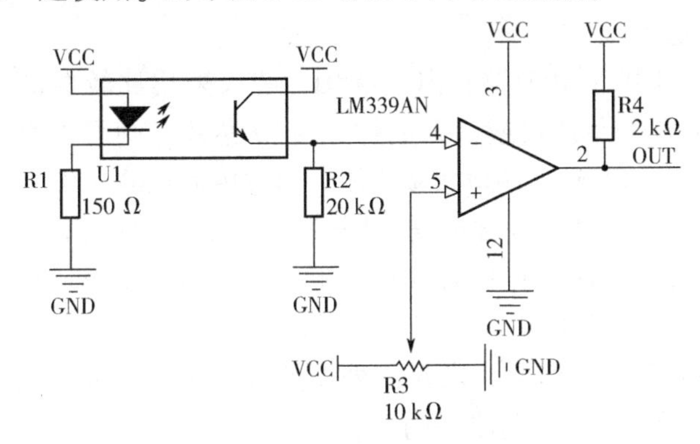

图 5-13　循迹电路图

(1) 图中的 LM393 为专业的电压比较器，一片 LM393 内部含有两路比较器，相同的还有 LM339，两者的不同点在于 LM339 内部有四路比较器，因此如果做 8 路红外光电管，则可以采用两片 LM339，相对简化了电路。

(2) 如果采用 LM339 或 LM393，在单片机的输出端需加约 2 kΩ 的上拉电阻连至 5 V，这样才能保证比较器在输出高电平时有 5 V 左右的高电平输出，这一点很容易被忽略，应当引起注意。

图中 R1、R2 的选择，R1 为限流电阻，不同大小的限流电阻决定了红外发射管的发射功率，R1 越小，红外发射管的功率就越大，多个并联后小车的能耗也就大幅增加，但是同时增加了光电管的探测距离，因此可以根据自己的测试情况选择合适的限流电阻；R2 为分压电阻，R2 的选择应当尤为注意，切不可机械地照搬某一个电路图，直接套用上面的阻值，R2 的选择和采用红外接收管的内阻有关，由于 R2 和接收管构成分压电路，因此 R2 的大小和接收管的电压变化有关，具体的选择只需按照分压的原理进行一下简单的计算就可以，这里不再赘述。按照图 5-13 所示，若电路工作正常，当光电管在黑线和白纸上移动时则在图中 R2 的上端也就是 LM339 的 4 脚应该有明显的电压变化，良好的情况下电压变化可以达到 3 ~ 4 V，电压变化非常明显。如果电压变化不明显，则可以尝试更换 R2 的阻值。

图 5-13 是采用专业的电压比较器，实际上也有很多电路采用 LM358 或者 LM324 之类的运放，这一点其实无关紧要，LM393 的引脚和 LM358 兼容，而且不需要在输出脚外加上拉电阻，实际运用中各有优劣可以自行选择。图中的 R3 为分压电阻，为比较器提供参考电压，具体参考电压的设定应根据 R2 上端的电压来决定，如③中介绍，假如输入脚的电压变化为 1.7 ~ 4.7 V，则参考电压就可以设定在 3 V 左右，在实际应用过程中可以根据当前的环境状况进行调整。对于比较器，可以单独用一个电位器（图中 R3）分压提供参考电压。如果为了简化电路，也可以几路电压比较器共用一路参考电压，各有优劣可以自行选择。

对于 51 单片机，由于没有内置 A/D，建议采用比较器的方式，而对于 AVR 等内置 A/D 的单片机或者采用片外 A/D 芯片，则可以直接输入变化的电压量，通过单片机 A/D 端口直接读取。通过单片机的 A/D 端口直接读取电压的变化量不仅可以简化外部电路，同时还能保留红外接收管的连续变化电压信息，通过软件算法进行位置细化，不仅可以得到更精确的位置信息，而且还可以消除环境光线的影响。但是，同时也增加了软件设计的难度。

通过上面的介绍，相信大家对红外循迹也有了一个简单的了解，也就会发现图 5-13 所示的电路不是唯一的了。

介绍完单个红外管的电路设计，接下来就该介绍多个并联的设计了，只有多个红外光电管并联才能够起到良好的检测效果，在实际应用中光电管的排列方式、排列间距都有讲究，一般来说“一”字型的排列已经能够满足我们的要求，如图 5-14 所示。设计者也可以尝试不同的排列方式和间距之间的优劣，这里只做简单提示。

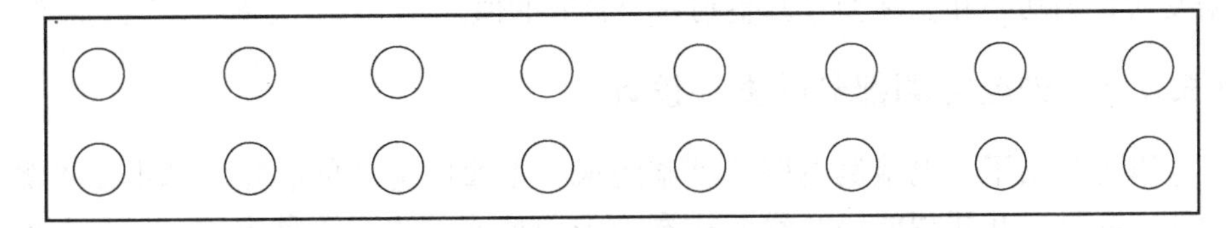

图 5-14　光电管布局图

如果采用比较器的方式，比较器也可以放置在循迹模块的电路板上，也可以放置在主板上，图 5-15 所示为笔者以前设计的四路循迹模块实物图。建议大家也可以采用 PCB（印制电路板）的方式设计循迹模块。

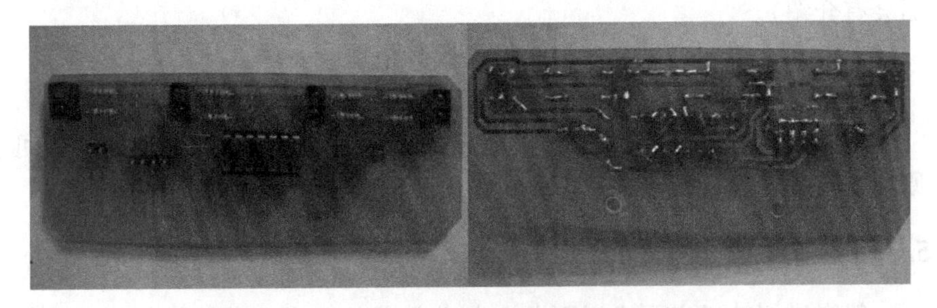

图 5-15　四组光电管组成的循迹模块正反面

在设计传感器的排列时，还有一点需要考虑的就是传感器之间的距离，通常两个传感器之间的距离和黑线的宽度相近，但是也不一定所有的间距都相同，为了扩大检测的范围，两侧的排布略微稀疏，从而在检测范围和检测精度之间取一个平衡，图 5-16 所示为 8 个传感器组成的印制电路板 PCB 效果图。

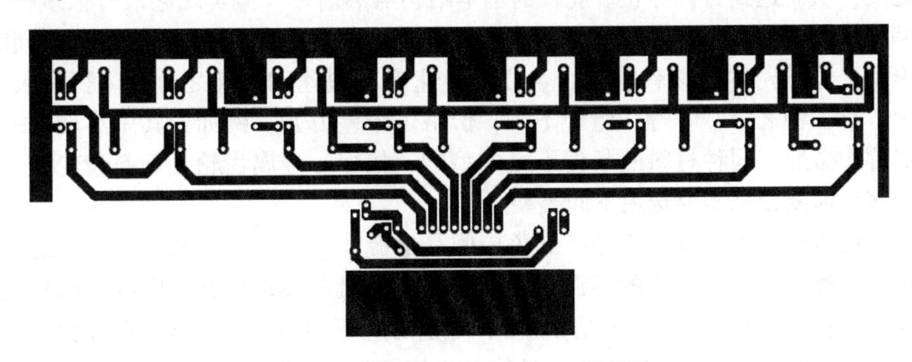

图 5-16　设计完成的印制 PCB 效果图

对于传感器的安装也需要具体考虑，正常情况下，安装完成后离地面的高度约在2 cm，高度越高，对于每个传感器来说红外光能够照射到的范围也就越大，但是由于每个红外发射管的功率有限，接收到的也就越少，可能会影响接收的效果。如果将传感器扬起还可以获得一定的前瞻性，因此需要根据发射管的功率和实际型号调整到一个合适的值。

5.3.7 光电检测部分的发挥设计

以上介绍了光电检测电路的基本组成，上面的电路能够完成基本的检测功能，在过去几届智能小车赛的比赛中采用最多的也是这种方式，但是上面的电路也有明显的缺点：检测距离较短，前瞻性较差。所有光电管一直处在工作状态，功耗较大使电池的续航时间降低。如果想消除以上的缺点，可以从以下几个方面考虑。

（1）使用大功率分离式红外光电管或激光管等其他检测器件（激光管在后面会有介绍）。

（2）将红外光进行调制发射，增大探测距离。

（3）各管轮流扫描工作，减小功耗。

以上只是针对学有余力的同学提一些提示性的建议，有兴趣的同学可以在原有的基础之上进行改进。

5.3.8 舵机转向模块设计

一般来讲，舵机主要由以下几个部分组成：舵盘、减速齿轮组、位置反馈电位计、直流电机、控制电路板等。

控制电路板接受来自信号线的控制信号，控制电机转动，电机带动一系列齿轮组，减速后传动至输出舵盘。舵机的输出轴和位置反馈电位计是相连的，舵盘转动的同时，带动位置反馈电位计，电位计将输出一个电压信号到控制电路板进行反馈，然后控制电路板根据所在位置决定电机的转动方向和速度，从而达到目标停止。舵机的基本结构虽然简单，但实现起来有很多种。例如，电机就有有刷和无刷之分，齿轮有塑料和金属之分，输出轴有滑动和滚动之分，壳体有塑料和铝合金之分，速度有快速和慢速之分，体积有大、中、小三种之分，等等，组合不同，价格也千差万别。例如，其中小舵机一般称作微舵，同种材料的条件下是中型的一倍多，金属齿轮是塑料齿轮的一倍多。需要根据需要选用不同类型。

舵机的输入线共有三条，红色中间是电源线，一边黑色的是地线，这两根线给舵机提供最基本的能源保证，主要是电机的转动消耗。电源有两种规格，一种是4.8 V，另一种是6.0 V，分别对应不同的转矩标准，即输出力矩不同，6.0 V对应的要大一些，具体看应用条件；另外一条线是控制信号线，

Futaba 公司的产品一般为白色，JR 公司的产品一般为橘黄色。

舵机的控制信号的周期是 20 ms 的脉宽调制（PWM）信号，其中脉冲宽度为 0.5 ~ 2.5 ms，相对应舵盘的位置为 0° ~ 180°，呈线性变化。也就是说，给它提供一定的脉宽，它的输出轴就会保持在一个相对应的角度上，无论外界转矩怎样改变，直到给它提供一个另外宽度的脉冲信号，它才会改变输出角度到新的对应位置上。舵机内部有一个基准电路，产生周期 20 ms、宽度 1.5 ms 的基准信号，有一个比较器，将外加信号与基准信号相比较，判断出方向和大小，从而产生电机的转动信号。由此可见，舵机是一种位置伺服的驱动器，转动范围不能超过 180°，适用于那些需要角度不断变化并可以保持的驱动当中。比方说机器人的关节、飞机的舵面等。

常见的舵机厂家有：日本的 Futaba、JR、Sanwa 等，国产的有北京的新幻想、吉林的振华等。现举 Futaba S3003 来介绍相关参数，以供大家设计时选用。之所以用 3003，是因为这个型号是市场上最常见的，也是价格相对较便宜的一种（以下数据摘自 Futaba 产品手册）。

尺寸：40.4 mm × 19.8 mm × 36.0 mm

重量：37.2 g

工作速度：0.23 s/60°（4.8 V），0.19 s/60°（6.0 V）

输出力矩：3.2 kg · cm（4.8 V），4.1 kg · cm（6.0 V）

Futaba S3003 的价格在 60 元左右，通用型号的还有辉盛 SG-5010，应用得也较为广泛。

舵机是小车转向的控制机构，具有体积小、力矩大、外部机械设计简单、稳定性高等特点，无论是硬件还是软件，舵机设计都是小车控制部分的重要组成部分，舵机的主要工作流程为：控制信号→控制电路板→电机转动→齿轮组减速→舵盘转动→位置反馈电位计→控制电路板反馈。图 5-17 所示为舵机实物图。

图 5-18 所示为舵机内部结构图，舵机根据力矩划分有多种型号，价格也从几十到几百元不等，作为本文中介绍的智能小车的应用，实物如图 5-17 所示，价格在 30 元左右的舵机已经能够满足要求，但是在使用时应注意硬件连接，根据以往的情况来看舵机烧坏的情况也比较常见。对于舵机的连

图 5-17　舵机实物图

接要注意以下两点。

(1) 常用舵机的额定工作电压为6 V，可以使用LM1117等芯片单独提供6 V的电压，如果为了简化硬件设计直接使用5 V供电影响也不是很大，但是一定要和单片机分开供电，否则会造成单片机无法正常工作。

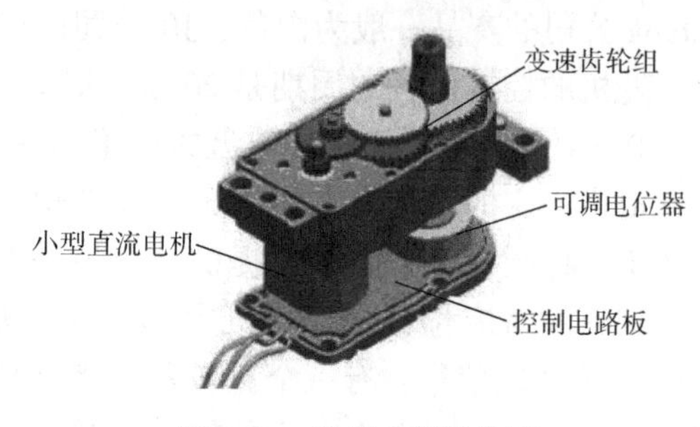

图5-18 舵机内部结构图

(2) 一般来说，可以将信号线连接至单片机的任意一引脚，如果连接像AVR等带有PWM输出功能的单片机时，而且打算使用快速PWM功能时，应将信号线连接到对应的引脚。

5.3.9 后轮电机驱动模块设计

前面已经讲述过，由于单片机的驱动能力不足，无法驱动像电机这样的大功率外部器件，因此必须外加驱动电路。电机常用的驱动芯片很多，在本设计中我们选用硬件设计简单、驱动效率较高的L298N作为电机驱动芯片，在介绍L298N之前有必要介绍一下H桥电路。H桥驱动电路是较为常见的一种，图5-19所示为一个典型的直流电机控制电路。电路得名于“H桥驱动电路”是因为它的形状酷似字母H。H桥式电机驱动电路包括四个三极管和一个电机。要使电机运转，必须导通对角线上的一对三极管。根据不同三极管对的导通情况，电流可能会从左至右或从右至左流过电机，从而控制电机的转向。由于H桥电路可以很方便地实现电机正反转的驱动，因此应用广泛。

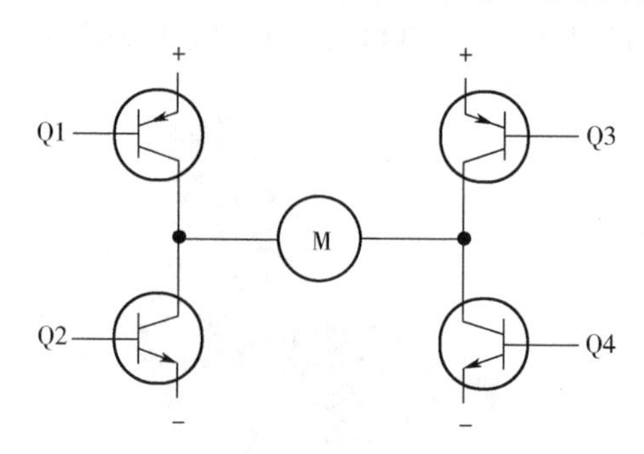

图5-19 典型的直流电机控制电路

要使电机运转，必须使对角线上的一对三极管导通。如图5-20所示，当Q1管和Q4管导通时，电流就从电源正极经Q1从左至右穿过电机，然后再经Q4回到电源负极。按图中电流箭头所示，该流向的电流将驱动电机顺时针转动。当三极管Q1和Q4导通时，电流将从左至右流过电机，从而驱动电机按特定方向转动。

图5-21所示为另一对三极管Q2和Q3导通的情况，电流将从右至左流过电机。当三极管Q2和Q3导通时，电流将从右至左流过电机，从而驱动电机沿另一方向转动。

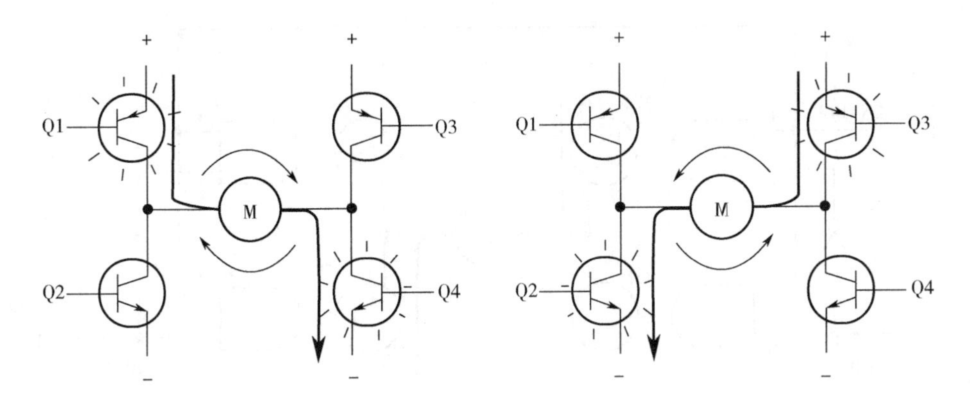

图 5-20　H 桥驱动电机正转　　　　图 5-21　H 桥驱动电机反转

驱动电机时，保证 H 桥上两个同侧的三极管不会同时导通非常重要。如果三极管 Q1 和 Q2 同时导通，那么电流就会从正极穿过两个三极管直接回到负极。此时，电路中除了三极管外没有其他任何负载，因此电路上的电流就可能达到最大值（该电流仅受电源性能限制），甚至烧坏三极管。基于上述原因，在实际驱动电路中通常要用硬件电路方便地控制三极管的开关。

图 5-22 所示就是基于这种考虑的改进电路，它在 H 桥电路的基础上增加了 4 个与门和 2 个非门。4 个与门同一个“使能”导通信号相接，这样，用这一个信号就能控制整个电路的开关。而 2 个非门通过提供一种方向输入，可以保证任何时候在 H 桥的同侧腿上都只有一个三极管能导通。

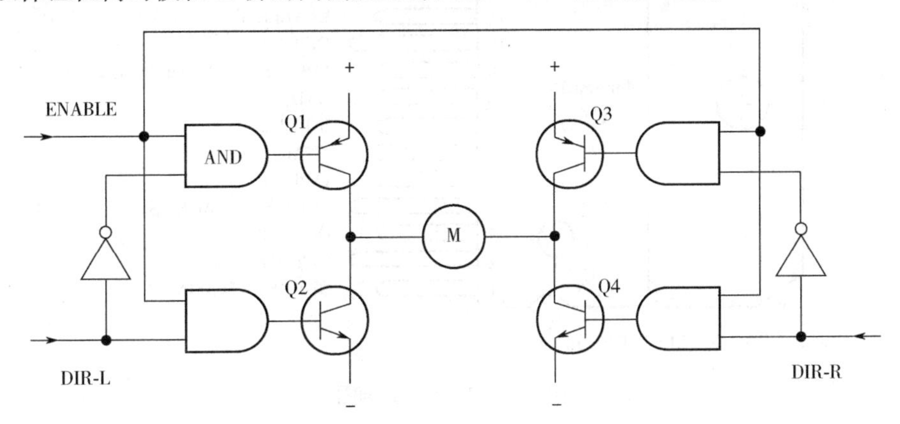

图 5-22　改进后的 H 桥驱动电路

采用以上方法，电机的运转就只需要用三个信号控制：两个方向信号和一个使能信号。如果 DIR-L 信号为 0，DIR-R 信号为 1，并且使能信号是 1，那么三极管 Q1 和 Q4 导通，电流从左至右流经电机（见图 5-23）；如果 DIR-L 信号变为 1，而 DIR-R 信号变为 0，那么 Q2 和 Q3 将导通，电流则反向流过电机。

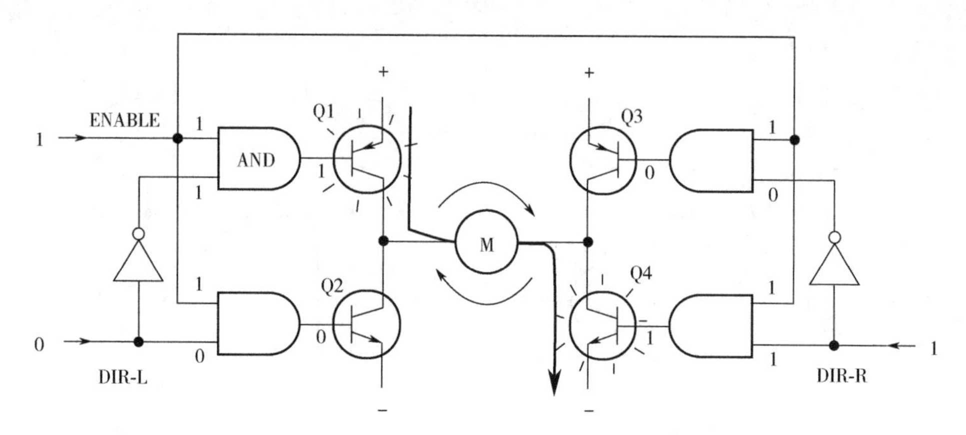

图 5-23　驱动电机转动时的信号示意图

常用 H 桥集成电路芯片 L298N H 桥电路虽然有着诸多的优点，但是在实际制作过程中，由于元件较多，电路的搭建也较为麻烦，增加了硬件设计的复杂度。由于 H 桥电路有诸多的优点，但是在实际制作过程中电路又比较麻烦，因此在本设计中我们采用 H 桥集成电机驱动芯片 L298N。L298N 的工作原理和以上介绍的 H 桥相同，引脚图如图 5-24 所示。

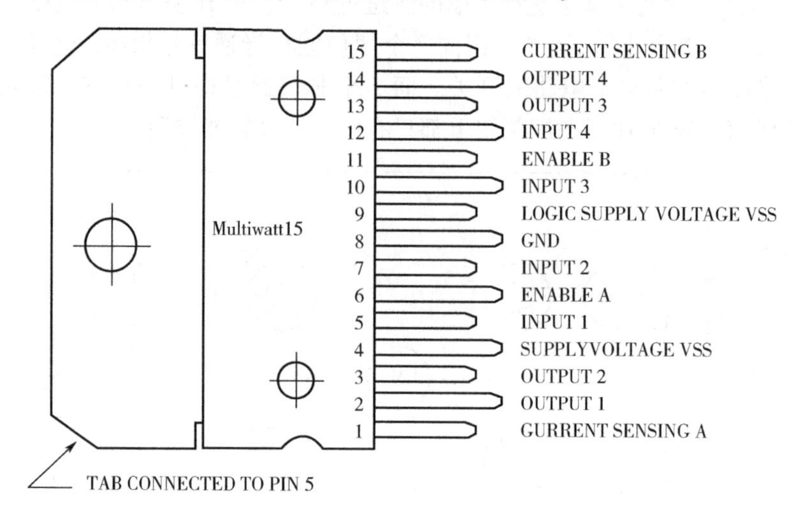

图 5-24　L298N 引脚图

L298N 是 ST 公司生产的一种高电压、大电流电机驱动芯片。该芯片采用 15 脚封装。主要特点是：工作电压高，最高工作电压可达 46 V；输出电流大，瞬间峰值电流可达 3 A，持续工作电流为 2 A；额定功率 25 W。内含两个 H 桥的高电压大电流全桥式驱动器，可以用来驱动直流电机和步进电机、继电器线圈等感性负载；采用标准逻辑电平信号控制；具有两个使能控制端，在不受输入信号影响的情况下允许或禁止器件工作有一个逻辑电源输入端，使内部逻辑电路部分在低电压下工作；可以外接检测电阻，将变化量反馈给控制电路。使用 L298N 芯片驱动电机，该芯片可以驱动一台两相步进电机或四相步进电机，也可以驱动两台直流电机。L298N 参考电路图如图 5-25 所示。

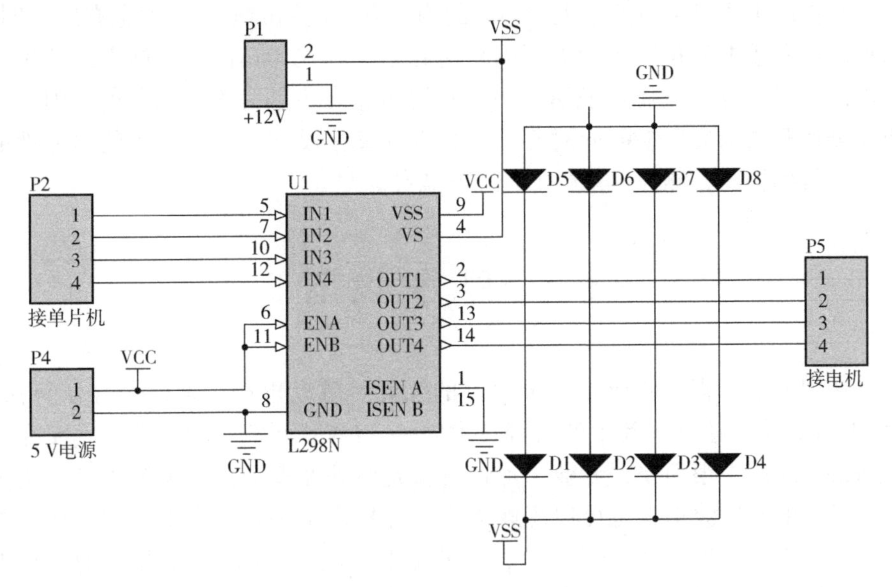

图 5-25　L298N 参考电路图

对于图 5-25 的电路图有以下几点说明。

(1) 电路图中有两个电源，一路为 L298N 工作需要的 5 V 电源 VCC，一路为驱动电机用的电池电源 VSS。1 脚和 15 脚有的电路在中间串接大功率电阻，可以不加。

(2) 图中连接了两路电机，P2 和 P5 是一一对应关系，如果只驱动一路电机，则可以连接对应的 12 脚或者 14 脚。

(3) 8 个续流二极管是为了消除电机转动时的尖峰电压保护电机而设计的，简化电路时可以不加。

(4) 6 脚和 11 脚为两路电机通道的使能开关，高电平使能，所以可以直接接高电平，也可以交由单片机控制。

由于工作时 L298N 的功耗较大，可以适当加装散热片。

5.3.10　测速模块

在飞思卡尔的小车中，测速是必不可少的一部分，但是在国内比赛中测速应用较少，初学者可以不考虑速度，对小车进行开环控制。如果加入速度反馈，则不仅仅是速度测量的事情，更重要的是结合相应的控制算法，这样

速度反馈才有意义。

测速较为常用的有：①测速发电机；②转角编码盘；③反射式光检测；④透视式光电传感器；⑤霍尔传感器。上述方法中，测速发电机输出电压信号可由 A/D 端口读取，其余的要利用单片机内部的定时器/计数器模块进行测量。软件的工作量会有所增大。不同的测速方式使用的速度范围也有所不同，从稳定性和成本的角度上考虑可以采用后三种方式，具体的实施方法这里不做叙述。但是有一点需要说明，一个好的测速模块是为算法服务的，因此在搭建测速模块构成反馈的同时必须有相应的算法设计，这样小车的整体性能才能够得到提高，测速模块的加入才有意义。

5.4 程序设计

在智能小车程序设计中，最关键的无疑是驱动电机的驱动与控制算法，而 PWM 输出算法就是其中的关键技术之一。PWM 听起来很专业，其实在本文所讲的应用中很简单，专业一点地讲就是脉冲宽度调制，说简单了就是占空比可变的脉冲波形，也可以理解为用单片机产生一定周期的方波，而且方波中高电平的时间可以自己调整，这就是 PWM 波。示波器上显示的图形如图 5-26所示。之所以在这里先讲 PWM 的相关知识，是因为在智能小车的设计中 PWM 是很重要的一个应用，首先舵机的控制就是给一定占空比的方波来实现不同转角的，其次后轮电机的调速也是通过不同占空比的方波来实现的。

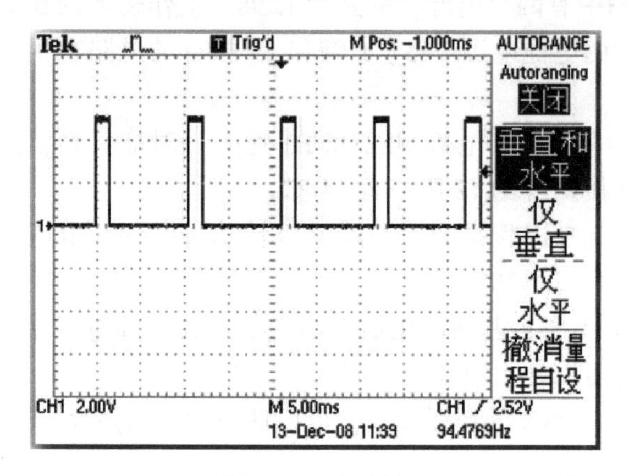

图 5-26　波形图

对于 PWM 波的产生，不同的单片机虽然有不同的方式，但是大致的原理是一样的，对于51 单片机由于没有自带 PWM 波产生的寄存器，因此需要通过软件的方式来实现。AVR 单片机虽然自带快速 PWM 波的模式，在软件设计上可以有部分地简化，但在本质上还是一样的。下面以 ATmega16 的技术文档中快速 PWM 模式的一个图来说明以定时器计数的方式产生 PWM 波的原理。

从图 5-27 中可以看出快速 PWM 波的产生其实就是一个计数匹配的过程，以图 5-26 为例，TCNTn 中的数值随着每进一次中断记一次数，当数值和另一个寄存器 OCRn 中的数值相等时就将固定的引脚 OCn 清零（变为低电平），当 TCNTn 计数到最大值（如果是 8 位定时器则为 0xFF）再次将 OCRn 置位，因此只要定好每次进入中断的时间和寄存器 OCRn 的值就可以产生一定频率与一定占空比的 PWM 波。51 单片机也可以采用相同的方式，有所不同的是 51 单片机中并没有上面所提到的寄存器，因此需要自己设定一些变量进行计数。在设置定时器时应注意以下两点。

（1）合理选择进入中断的时间和计数上限。

（2）计数上限和最终的 PWM 频率的选择应由外部器件的具体要求决定。

对于程序的详细写法这里没办法做详细的说明，以上给出了思路，请自己参考程序设计的相关书籍。

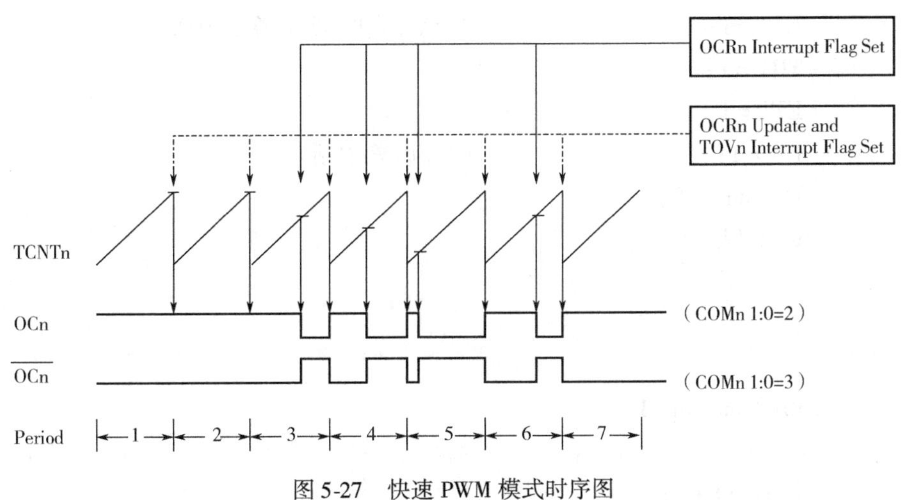

图 5-27　快速 PWM 模式时序图

5. 4. 1　51 单片机产生 PWM 波

程序初始化：定时器 0 和定时器 1 都采用方式 1，即 16 位的计数方式，计时时间到后进入中断，进入中断时间为 0. 04 ms，为此特地写了一个简化的程序用来验证 PWM，51 单片机的 PWM 程序如下：

```
#include < AT89X51. H >
#define Moto1 P2_0              //驱动电机信号的输出端口
#define Moto2 P2_1
#define Duoj P2_4               //舵机信号的输出端口
```

```
unsigned char D_count,D_num;
unsigned char M_count,M_num;
void main()
{
    Moto1 =1;
    P2_2 =0;
    Duoj =1;
    TMOD =0x11;
    //Timer0 和 Timer1 同时配置为模式 1,16 位计数模式
    TH0 =(65536 -40)/256;
    TL0 =(65536 -40)%256;  //定时器初值设置
    TH1 =(65536 -2000)/256;
    TL1 =(65536 -2000)%256;
    TR0 =1;                //允许定时器 0 计数
    ET0 =1;                //允许定时器 0 溢出中断
    TR1 =1;
    ET1 =1;
    EA =1;                 //开启总中断
    D_num =25;
    while(1)
    {
    }
}
void t0()interrupt 1
{
    D_count ++ ;
    if(D_count = =D_num)
      Duoj =0;
    if(D_count = =250)
    {
      D_count =0;          //重装初值
      Duoj =1;
    }
    TH0 =(65536 -40)/256;
    TL0 =(65536 -40)%256;
```

```
}
void t1( ) interrupt 3
{
    M_count ++ ;
    if( M_count = = M_num)
    {
      Moto2 = 1;
    }
    if( M_count = =5)
}
```

利用 Proteus 7.4 SP3 软件进行仿真，仿真电路如图 5-28 所示。通过仿真图大家也能够看出来，利用相关的软件进行仿真其实非常容易，因此特别推荐大家在做软件时能够充分利用各种工具软件，如 Proteus、Multisim 等进行先期的验证。Proteus 的仿真结果如图 5-29 所示。

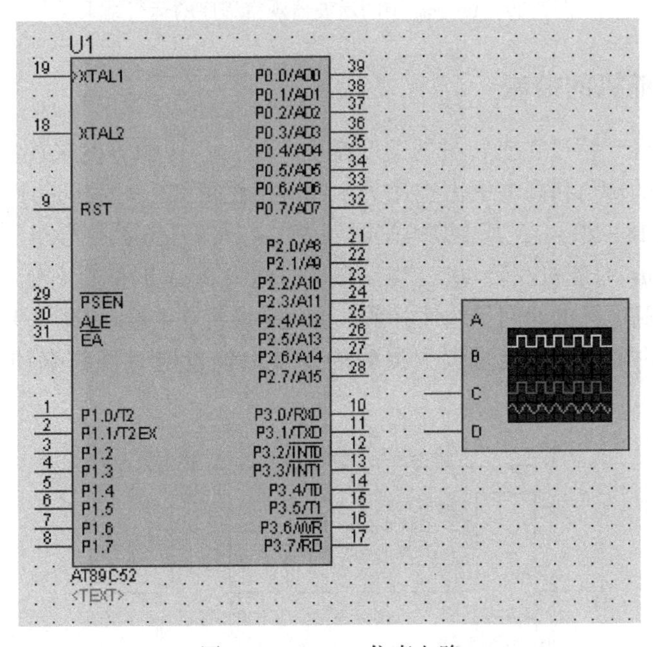

图 5-28　Proteus 仿真电路

Proteus 等软件的使用这里不过多介绍，但是仍然希望大家注意一点，对于程序，希望大家能够彻底看懂，从基础看起，要大致弄懂每一句话，每一个数值的来源，切勿生搬硬套。另外，上面所介绍的是针对 51 单片机的程序，是依靠定时器的计数来产生的，像 AVR 等多数稍微高级一点的单片机都带有硬件 PWM，因此可以直接配置相关的寄存器，这样能够简化程序，提高效率。

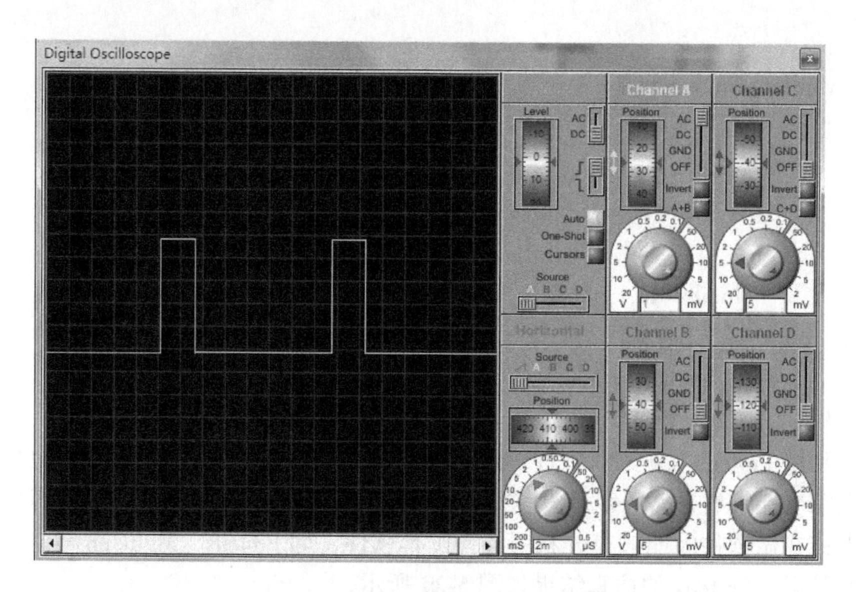

图 5-29　Proteus 中的示波器观察程序的运行结果

5.4.2　舵机的控制

前面已经介绍过舵机转过的角度是由一定占空比的方波来控制的，图5-30给出了舵机的转角和高电平占空比关系图。由图可知：对舵机的控制信号是由一串周期为 18 ~20 ms，其中高电平时间为 1 ~2 ms 的方波信号组成的。当高电平时间为 1 ms 时舵机左转 60°，当高电平时间为 2 ms 时舵机右转 60°，转过的其他角度与高电平的时间呈线性关系。也就是说每 0. 1 ms 的高电平变化就会影响舵机 12°的转角，这也是以上提到的要合理设置定时器频率和计数上限的原因。

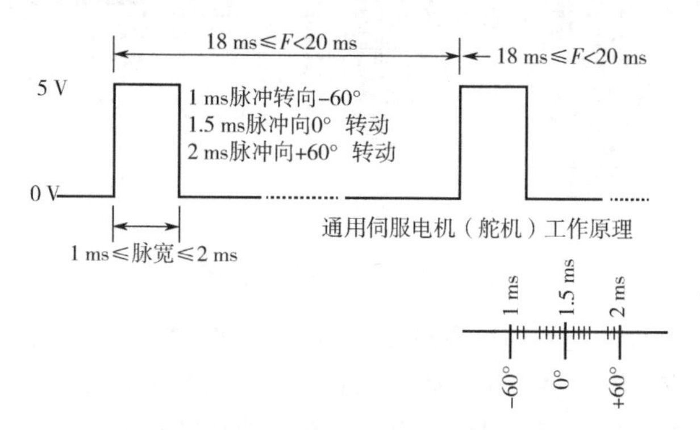

图 5-30　舵机的 PWM 控制信号

对于舵机控制的程序设计有以下两点需要注意。

(1) 在舵机安装完成后无法保证舵机 0°的转角刚好就是车轮指向正前方，因此图 5-29 中的 0°也就没有任何意义，设计者必须根据小车的安装情况设定自己的参考点。

(2) 在实际应用中可能无法做到舵机的连续可调，可以设定固定的几个转角，当然，如果设定的转角数越多，舵机的转向过渡就会显得越平滑，控制效果就越好。

实际应用中舵机可能各有不同，方波的周期也不一定是严格的 20 ms，因此在小车的控制之前先要写一段测试程序对舵机进行转角测试，同时也为程序的编写提供数据。

对于电机的调速控制有以下两点说明。

(1) 应注意选择合适的控制频率，过高可能导致电机不转，过低可能使电机间歇性转动。

(2) 使用不同占空比的 PWM 波控制电机时，有时虽然在空转的情况下电机速度降低，但是同时带负载的情况会严重降低，所以在以往的比赛中经常出现有的小车在转弯时出现跑不动的情况，因此应注意选择频率和占空比。

5.4.3　程序总体的设计

对于简单的智能小车程序设计来说，一般都采用查询的方式，即先查询光电管的状态，然后根据光电管的状态选择舵机的控制信号，控制舵机转过一定的角度，同时控制后轮的转速变化。具体的设计各有不同，如简单的 if 语句轮流判断或者 switch 语句都可以实现类似的功能，因此程序的一般结构如下。

(1) 头文件。

(2) 全局变量定义中断服务函数、主函数。

(3) 端口定时器设置死循环。

(4) 查询光电管状态，设定舵机转过的角度。

(5) 设定后轮转动的方向和速度。

虽然一般程序的结构大致如此，但是还是有很多可以优化的地方，如简单的查询方式效率过低，可以将光电管可能的状态、舵机 PWM 波的值和后轮 PWM 的值三者设为三个长度相同的对应数组，这样就可以用 for 循环查询的方式将三者对应起来，提高了效率，同时还可以拓展可能出现的情况，在这里本书只能提供一个方向和大致的思路，真正完善的程序设计还是要建立在大量的实践基础之上。

5.4.4　程序设计的发挥与拓展

前面已经说过程序设计的思路，在硬件设计中也讲过测速模块的设计，因此在程序设计中本书将它放在发挥与拓展的部分中，对于测速一般有两种方式：一种是定时计数，即在规定的时间内计数测速模块采集到的脉冲次数；另一种是定数计时，即计数到一定的次数时去计算所用的时间。无论采用哪种方法式，一般都是两个定时器配合使用，即一个计数，一个计时。

在控制方面最简单的就是转弯减速、直道加速，这是小车最基本的部分，而如果配合测速模块这一点又有很多可以设计的地方，在不同的速度情况下，遇到转弯采取什么样的处理方式又有所不同。举个例子，曾经有过一个设计，其转弯设计为刹车的方式，所谓刹车，就是直接让电机倒转一定时间再恢复即可起到刹车的效果。这一点也算是一个小小的发挥，对于长直道加速后的一个急转弯这一招很有效，小车甚至能够以一个很漂亮的摆尾转过去，但是当遇到一个半圆形车道时就出现了小车不停刹车的状况，这一点就是在设计上不够完善。因此，在做类似的发挥设计时尤其应当注意。除此之外，还有在光电管状态判别上的优化，因为小车的运行情况相对来说比较恶劣，因此在程序设计时还要充分考虑到各种可能出现的情况，并在程序中加以限制或过滤，只有这样，小车才能有一个平稳的运行效果。

5.5 测试与调试

设计的最后非常有必要强调一下测试与调试的重要性，如果忽略这两个环节，往往会绕很多弯路甚至造成很大麻烦，因此希望大家认真对待，本书在此仅做测试方法方面的讲述。

何为测试？测试就是检验元件好坏、电路能否正常工作，因此特别是在硬件设计中，开始一个模块设计之前和完成一个模块设计之后都要进行测试。在设计之前很多同学刚入门，对很多元器件没有搞清楚，基本的封装和引脚都不清楚就轻率地进行焊接与画 PCB 板，最终浪费了大量时间并对心理造成负面影响。因此，在动手之前请务必查清楚所用元件资料，不清楚的利用手头的仪器进行测试。在稍微复杂一点的电路设计之前可以先搭建其中的一部分电路，测试一下是否正常，然后再进行总的电路设计。这样循序渐进地进行设计可以节省时间，保证电路的正确性。同样，程序方面的设计也是如此。基本上都是从最简单的程序开始，慢慢地调试和扩充。电路设计之后的测试也同样重要，特别是和程序有关的外围检测、驱动等模块，如果不排除硬件故障，在调试的时候很难分清到底是硬件的问题还是软件的问题。因此，硬件设计完成之后首先需要测试能够正常工作，这样在遇到问题时才能够排除硬件的干扰，找出问题的所在。

测试完成之后再说调试部分，所谓调试，就是在基本功能实现的基础之上调整参数，以实现最佳的性能。真正从比赛的角度上来说需要在调试上花一定的时间。如果从总的角度上来说大家可以先做一个个模块，基本功能实现后可以去尝试在原有的基础之上去扩展并提高性能，最后根据前一阶段的测试结果有针对性地重新设计电路板，最终将硬件部分测试下来，后面的时间主要就可以从软件的角度去调整参数。另外，需要强调一点的就是，在硬件设计阶段就要留出参数选择接口和指示模块，如使用拨码开关作为参数选择，使用 LCD 作为信息显示，同时也可以留出无线通信端口，如无线串口模块方便后期的参数采集和调试。同时针对赛场上的突发状况需要在软件中预置几种状况，最起码要预置几种速度选择，这样一旦在比赛时初始方案无法正常运行可以及时通过车身上的拨码开关等选择另一种方案，这一点希望大家在硬件设计的时候就要考虑进去。

对于智能小车的整体来说，测试要按照模块来进行，一般笔者认为应分为以下几个步骤。

（1）首先测试电源的工作情况，各个模块能否得到良好供电。

（2）光电管安装完成后按照第 3 章中的方法依次测试每个光电管的电压变化情况，完成后根据测试数据调节电位器，选择合适的参考电压，然后依次测量比较器或运放的输出端有无根据检测到黑线的情况产生相应的电平变化。若没有，则检查相应的电路和元件好坏，测试成功后进行下一步。

（3）检查单片机能否正常地烧写程序和工作。

（4）用单片机产生不同占空比的信号控制舵机进行转角测试，找出小车转向的参考点和对应的 PWM 设置参数。

（5）测试后轮电机的工作情况，并试验在不同频率和占空比的情况下电机的驱动能力。

（6）将光电管和舵机联合，编写程序测试转向情况。

（7）编写测试程序让小车初步运行。

（8）反复测试各参数变化对小车的影响，找出最有效的配置。

（9）对小车运行过程中各种可能出现的情况进行测试，发现问题，找出解决方法。

（10）整理数据，优化算法和程序设计。